基礎から学ぶ
トラヒック理論

稲井 寛 著
Hiroshi Inai

森北出版株式会社

● 本書のサポート情報を当社 Web サイトに掲載する場合があります．
下記の URL にアクセスし，サポートの案内をご覧ください．

http://www.morikita.co.jp/support/

● 本書の内容に関するご質問は，森北出版 出版部「(書名を明記)」係宛
に書面にて，もしくは下記の e-mail アドレスまでお願いします．なお，
電話でのご質問には応じかねますので，あらかじめご了承ください．

editor@morikita.co.jp

● 本書により得られた情報の使用から生じるいかなる損害についても，
当社および本書の著者は責任を負わないものとします．

■ 本書に記載している製品名，商標および登録商標は，各権利者に帰属
します．

■ 本書を無断で複写複製（電子化を含む）することは，著作権法上での
例外を除き，禁じられています．複写される場合は，そのつど事前に
(社)出版者著作権管理機構（電話 03-3513-6969，FAX 03-3513-6979，
e-mail：info@jcopy.or.jp）の許諾を得てください．また本書を代行業者
等の第三者に依頼してスキャンやデジタル化することは，たとえ個人や
家庭内での利用であっても一切認められておりません．

まえがき

　インターネットや携帯電話の普及により，情報通信が生活の一部となった．今やメールといえば電子メールのことであり，ネットといえばインターネットのことである．おおよそ技術に疎い人でもパケットという用語を日常的に使っているし，外出時に財布を忘れることはあっても，スマートフォンは決して忘れないという人もいる．

　このように，もはやライフラインともいうべき通信ネットワークにおいて，安定したサービスを提供するために，通信網および中継装置の構成や運用方針を検討するための理論がトラヒック理論である．当初は電話回線の必要本数を算定するための理論であったが，徐々に応用分野が拡大されていった．現在では，汎用的な待ち行列理論として体系化され，さまざまな分野の問題解決に役立っている．

　上述のように，トラヒック理論は通信ネットワークの設計や運用に関する有用な理論であるため，それを工学系の学生に教育する意義は大きい．しかし，カリキュラム上の制約もあり，情報通信系の学科でさえも，情報ネットワークなどの講義に組み込まれていることが多いようである．そのため，情報ネットワークの教科書の中には，待ち行列理論について説明しているものもあるが，基本公式とその適用例にとどめているものが多い．その一方で，もう少し深く学習するための専門書の多くは難解で，初学者が次のステップを踏み出しにくいのが現状である．このような事情から，筆者は，理系高卒 $+\alpha$ の数学で理解できるレベルの自前テキストで十数年間講義してきた．毎年少しずつ積み重ねてきたテキストの改良も落ち着いてきたので，このあたりで教科書としてまとめてみようと思った次第である．

　本書は，対象となる読者レベルを工学部3年〜大学院生または高専専攻科に設定しているが，意欲ある学部1〜2年生や高専4〜5年生にも配慮して，式変形をできるだけ省略しないことにした．この主旨にそって，演習問題の解答もていねいに記述した．そのため，初学者でも途中で挫折することなく，学習を継続することができるものと思われる．また，導出した評価測度のグラフを多く載せて，読者が特性を把握しやすくした．読者が抱く「なぜそうなるのか？」という素朴な疑問を想定しながら執筆したので，実用例の紹介よりも理論の説明に重点をおいた．そのため，学生のみならず，専門技術者の方にも役立つであろう．

　本書の構成は次のとおりである．第1章では，通信設備を設計する際に直面することになる具体的な問題をあげながら，本書で学ぶ内容の概略を述べる．第2章では，

本書を読み進めていく上で必要となる確率論の基礎知識をまとめている．第3章では，トラヒック理論で使われる用語と共に電話交換機の確率モデルである交換線群について詳述する．第4章では，トラヒック理論を一般化した待ち行列理論について説明する．第5章では，待ち行列システムの解析に関連の深いマルコフ連鎖について説明する．第6章では，マルコフ連鎖の特殊な場合であり，かつ，後の章で解析する待ち行列システムの一般形である出生死滅過程の解析手法について述べる．この手法を用いて，第7章では即時式，第8章では待時式の交換線群を解析する．前者では，呼損率と回線利用率，後者では，待ち率と待ち時間が主要な評価測度となる．そして，第9章では，引き続き出生死滅過程の解析手法を使って，パケット中継装置であるルータやハブのモデルを解析する．なお，9.3節では，サービス時間が一般分布に従う，より汎用性の高いモデルの解析手法を紹介する．前節までの内容に比べてやや難解なので，発展学習ととらえてもよいが，意欲のある読者にはぜひ挑戦してほしい．

　本書を執筆するにあたり，巻末にあげた多くの書籍を参考にさせていただいた．これらの著者に敬意を表すると共に，出版に際して大変お世話になった森北出版の小林巧次郎氏，福島崇史氏，上村紗帆氏に謝意を表したい．

　本書がトラヒック理論の教科書として，読者の勉学の一助となれば幸いである．

2014年6月

筆　　者

目　　次

第1章　序　　論 ……………………………………………………… 1

第2章　確率論の基礎知識 …………………………………………… 5
　2.1　事象と確率　5
　2.2　条件付確率　7
　2.3　順列と組合せ　9
　2.4　確率変数と分布　11
　2.5　離散型分布の例　15
　2.6　連続型分布の例　19
　2.7　平均と分散　22
　2.8　多次元分布　30
　2.9　畳み込み　35
　2.10　確率過程　39
　演習問題　41

第3章　交換機と通話のモデル ……………………………………… 42
　3.1　交　　換　42
　3.2　交換線群　45
　3.3　呼　　量　47
　3.4　ポアソン到着　53
　3.5　指数サービス　57
　3.6　無記憶性　58
　演習問題　59

第4章　待ち行列システム …………………………………………… 60
　4.1　構成要素と用語　60
　4.2　ケンドールの表記　63
　4.3　評価測度　65
　4.4　リトルの公式　65

第5章 マルコフ連鎖 ……………………………………………………… 70
5.1 離散時間マルコフ連鎖　70
5.2 連続時間マルコフ連鎖　83
演習問題　94

第6章 出生死滅過程 ……………………………………………………… 95
6.1 純出生過程　95
6.2 ポアソン過程　98
6.3 純死滅過程　101
6.4 出生死滅過程　104
演習問題　109

第7章 即時式交換線群 …………………………………………………… 110
7.1 $M/M/S/S/N$　110
7.2 $M/M/S/S$　117
演習問題　123

第8章 待時式交換線群 …………………………………………………… 124
8.1 $M/M/S$　124
8.2 $M/M/S/K$　130
演習問題　136

第9章 単一サーバモデル ………………………………………………… 137
9.1 $M/M/1$　137
9.2 $M/M/1/K$　143
9.3 $M/G/1$　150
演習問題　171

参考図書 ……………………………………………………………………… 172
付録A 負の二項展開 ………………………………………………………… 174
付録B 負の二項分布とアーラン分布 ……………………………………… 176
付録C 無記憶性をもつ連続型分布 ………………………………………… 178
付録D 並列または直列に接続されたサーバ ……………………………… 179
付録E チャップマン-コルモゴロフの方程式 …………………………… 182
付録F 呼輻輳率と呼損率 …………………………………………………… 184

付録G　ラプラス変換 …………………………………………… 186
付録H　アーランB式負荷表 …………………………………… 191
付録I　アーランC式負荷表 …………………………………… 192
演習問題解答 ……………………………………………………… 193
索　　引 …………………………………………………………… 211

ギリシャ文字一覧

大文字	小文字	英単語	主な読み方
A	α	alpha	アルファ
B	β	beta	ベータ
Γ	γ	gamma	ガンマ
Δ	δ	delta	デルタ
E	ε	epsilon	イプシロン
Z	ζ	zeta	ツェータ，ゼータ
H	η	eta	イータ，エータ
Θ	θ	theta	シータ
I	ι	iota	イオタ
K	κ	kappa	カッパ
Λ	λ	lambda	ラムダ
M	μ	mu	ミュー
N	ν	nu	ニュー
Ξ	ξ	xi	クサイ，グザイ，クシイ
O	o	omicron	オミクロン
Π	π	pi	パイ
P	ρ	rho	ロー
Σ	σ	sigma	シグマ
T	τ	tau	タウ
Υ	υ	upsilon	ウプシロン，ユプシロン
Φ	ϕ	phi	ファイ
X	χ	chi	カイ
Ψ	ψ	psi	プサイ，プシイ
Ω	ω	omega	オメガ

表記一覧

数学表記，関数，演算子

$\mathbf{0}$	すべての成分が 0 の行ベクトル
$\mathbf{1}$	すべての成分が 1 の行ベクトル
$1(A)$	事象 A の指示関数
${}_nC_k$	異なる n 個の中から k 個を選び出した組合せの数
A^c	集合 A の補集合
$F^c(x)$	確率変数 X の補分布関数
$E[X]$	確率変数 X の平均
$\mathbf{I}$	単位行列
$\mathrm{Im}[s]$	複素数 s の虚部
i	虚数単位
$\mathcal{L}$	ラプラス変換の演算子
$\max[x_1,\ldots,x_n]$	$x_1,\ldots,x_n$ の最大値
$\min[x_1,\ldots,x_n]$	$x_1,\ldots,x_n$ の最小値
$N(\mu,\sigma^2)$	平均 μ，分散 σ^2 の正規分布
$\mathbf{O}$	零行列，または行列内で成分が 0 となっている部分
$o(\Delta t)$	$\Delta t \to 0$ のとき Δt よりも速く 0 に近づく小さな数
${}_nP_k$	異なる n 個の中から k 個を選び出して並べた順列の数
$P(A)$	事象 A の生起確率
$P(A,B)$	積事象 $A \cap B$ の生起確率
$P(A|B)$	事象 B の下での事象 A の条件付確率
$\mathrm{Re}[s]$	複素数 s の実部
$\mathbf{A}^\mathrm{T}$	行列 $\mathbf{A}$ の転置行列
$U(\cdot)$	単位ステップ関数
$V[X]$	確率変数 X の分散
$\Gamma(\cdot)$	ガンマ関数
$\gamma(\cdot)$	不完全ガンマ関数
$\delta(\cdot)$	ディラックのデルタ関数
ϕ	空集合
$*$	畳み込みの演算子
$f^{(*k)}$	関数 f の k 重畳み込み
$f^{(k)}$	関数 f の k 階微分
$\tilde{F}$	関数 f のラプラス変換（大文字にして $\sim$ をつける）
$\hat{P}$	関数 p の確率母関数（大文字にして $\wedge$ をつける）
!	階乗
$\cap$	積集合の演算子
$\cup$	和集合の演算子
$\omega \in A$	ω は集合 A に属する
$\omega \notin A$	ω は集合 A に属さない
(a,b)	開区間 $a < x < b$
$[a,b]$	閉区間 $a \leq x \leq b$
$(a,b]$	区間 $a < x \leq b$
$[a,b)$	区間 $a \leq x < b$
$\binom{n}{k}$	異なる n 個の中から k 個を選び出した組合せの数 ${}_nC_k$

本書を通して使われている表記

$A(0,t]$	期間 $(0,t]$ 中の到着 {呼，人} 数を表す確率変数
a	加わる呼量
a_c	運ばれる呼量
B	{呼損，棄却} 率
B_S	アーラン B 式，アーランの損失式
$B(0,t]$	期間 $(0,t]$ 中の {損失呼，棄却人} 数を表す確率変数
C_S	アーラン C 式，アーランの待合せ式
$D(0,t]$	期間 $(0,t]$ 中の {終了呼，退去人} 数を表す確率変数
H	{保留，サービス} 時間を表す確率変数
$H(t)$	{保留，サービス} 時間 H の分布関数
$h(t)$	{保留，サービス} 時間 H の密度関数
h	平均 {保留，サービス} 時間 $E[H]$
K	状態数有限の場合の状態の最大値，待ち行列システムの容量

表記一覧

L	システム内 {呼, 人} 数を表す確率変数
L_q	待ち行列長を表す確率変数
N	{入線, 客の総} 数
$\boldsymbol{P}$	遷移確率行列
$p_{i,j}$	状態 i から j への遷移確率，$\boldsymbol{P}$ の第 (i,j) 成分
$\boldsymbol{P}(t)$	t 時間遷移確率行列
$p_{i,j}(t)$	状態 i から j への t 時間遷移確率，$\boldsymbol{P}(t)$ の第 (i,j) 成分
$\boldsymbol{Q}$	無限小生成行列，遷移速度行列
$q_{i,j}$	状態 i から j への遷移速度，$\boldsymbol{Q}$ の第 (i,j) 成分
q_k	{呼損, 棄却} が起こらないという条件の下で，到着 {呼, 客} の見る状態が k である確率
S	{出線, サーバ} 数
t	時刻
W	システム時間を表す確率変数
$W(t)$	システム時間 W の分布関数
$w(t)$	システム時間 W の密度関数
W_q	待ち時間を表す確率変数
$W_q(t)$	待ち時間 W_q の分布関数
$W_q^c(t)$	待ち時間 W_q の補分布関数
$W_q^c(0)$	待ち率
$X(t)$	時刻 t における状態を表す確率変数
$\{X(t)\}$	確率過程
γ	スループット
Δt	微小時間
η	利用率
λ	{到着, 生起, 出生} 率
λ_k	状態 k における {到着, 生起, 出生} 率
μ	{サービス, 終了, 死滅} 率
μ_k	状態 k における {サービス, 終了, 死滅} 率
$\boldsymbol{\pi}$	定常分布
π_j	$\boldsymbol{\pi}$ の第 j 成分
$\boldsymbol{\pi}(t)$	時刻 t における状態分布
$\pi_j(t)$	時刻 t において状態が j である確率，$\boldsymbol{\pi}(t)$ の第 j 成分
ρ	加わる負荷

章ごとに特有な表記

第 2 章

A, B	事象
$F(x)$	分布関数（確率変数が自明の場合）
$F_X(x)$	確率変数 X の分布関数または周辺分布関数
$F_{X,Y}(x)$	確率変数 X, Y の結合分布関数
$F_{X|Y=y}(x)$	確率変数 $Y=y$ という条件の下での確率変数 X の条件付分布関数
$f(x)$	密度関数（確率変数が自明の場合）
$f_X(x)$	確率変数 X の密度関数または周辺密度関数
$f_{X,Y}(x)$	確率変数 X, Y の結合密度関数
$f_{X|Y=y}(x)$	確率変数 $Y=y$ という条件の下での確率変数 X の条件付密度関数
$p(x)$	確率関数（確率変数が自明の場合）
$p_X(x)$	確率変数 X の確率関数または周辺確率関数
$p_{X,Y}(x)$	確率変数 X, Y の結合確率関数
$p_{X|Y=y}(x)$	確率変数 $Y=y$ という条件の下での確率変数 X の条件付確率関数
S	すべての事象の集合
X, Y	確率変数
Ω	標本空間
ω	標本

第 3 章

I	呼の到着間隔を表す確率変数
R	次の呼が到着するまでの残り時間を表す確率変数
$T(0,t]$	期間 $(0,t]$ 中に加わるトラヒック量
$T_c(0,t]$	期間 $(0,t]$ 中に運ばれるトラヒック量

第 4 章

$\mathcal{L}$	平均システム内人数
$\mathcal{L}_q$	平均待ち行列長
W_n	n 番目の退去客のシステム時間を表す確率変数
$\mathcal{W}$	平均システム時間
$\mathcal{W}_q$	平均待ち時間

第5章

S_i	状態 i の滞在時間を表す確率変数
$T_{i,j}$	状態 i から j への初到達時間を表す確率変数
$\boldsymbol{z}$	極限分布

離散時間系

$f_{i,j}(n)$	状態 i から j への初到達時間の確率関数
n	時刻
$\boldsymbol{P}(n)$	n ステップ遷移確率行列
$p_{i,j}(n)$	状態 i から j への n ステップ遷移確率, $\boldsymbol{P}(n)$ の第 (i,j) 成分
$X(n)$	時刻 n における状態を表す確率変数
$\boldsymbol{\pi}(n)$	時刻 n における状態分布
$\pi_j(n)$	時刻 n において状態が j である確率, $\boldsymbol{\pi}(n)$ の第 j 成分

連続時間系

a_i	状態 i の滞在時間分布（指数分布）のパラメータ

第6章

M	ポアソン過程の合流または分流の本数
$\{X_m(t)\}$	ポアソン過程から分岐した m 番目の過程
p_m	ポアソン過程の分岐における m 番目の過程への分岐確率
t_n	ポアソン過程における n 番目の出生時刻
t_n^-	時刻 t_n の直前
$\{Y(t)\}$	ある連続時間確率過程
λ_m	合流における m 番目のポアソン過程の出生率

第7章

a_s	呼源の呼量
b_k	到着呼の見る状態が k である確率
b_S	呼輻輳率, 呼損率
G_S	エングセットの損失式
ν	保留されていない入線における呼の到着率
π_S	時間輻輳率

第9章

A	ある客のサービス中に到着した人数を表す確率変数
A_n	n 番目の退去客のサービス中に到着した人数を表す確率変数
a_k	ある客のサービス中に k 人到着する確率
C_j	クラス j の客の完了時間を表す確率変数
J	優先処理におけるクラスの数
L_n	n 番目の退去客が見るシステム内人数を表す確率変数
$L(t)$	時刻 t におけるシステム内人数を表す確率変数
R	客の到着時にサーバが稼働中であるという条件の下での残余サービス時間を表す確率変数
$r(t)$	確率変数 R の密度関数
$T_t(0,\tau]$	期間 $(0,\tau]$ における長さ t のサービス時間の延べ時間
U_j	割込再開型優先処理において, クラス j の客が到着してからサービスが開始されるまでの時間を表す確率変数
Y	客の到着時にサーバが稼働中であるという条件の下で, 到着時にすでにサービスを受けている客のサービス時間を表す確率変数
$Y(t)$	確率変数 Y の分布関数
$y(t)$	確率変数 Y の密度関数
α_n^-	n 番目の到着客の到着時刻の直前
δ_n^+	n 番目の退去客の退去時刻の直後

第1章 序論

　トラヒック (traffic) とは，人，乗り物，商品などさまざまなものが行き交うこと，またその量のことである．日常的には交通量を指すことが多いようであるが，本書では通信に特化して，通話量や通信量のことをいう．

　ところで，交通では事故と渋滞が大きな問題となっている．通信についても同様で，停電や断線などの事故による不通と，接続要求が集中的に発生することによる渋滞が問題となる．ちなみに，通信網上の渋滞を輻輳（congestion）という．輻輳が発生すると，たとえば，ある方面への電話が繋がりにくくなったり，閲覧しようとしているホームページの表示に時間がかかったりする．

　上述の問題への根本的な解決策は，全利用者が同時に通信しても輻輳が起こらず，さらに，不通となった場合にも十分な容量の迂回路を確保することのできる，大容量かつ冗長な通信網を構築することである．しかし，設備投資のコストを考えると，これは現実的ではない．そこで，想定される需要の範囲内で，利用者にある程度の満足感を与えられるシステム設計を目指すことになる．

　具体的な問題を二つあげよう．いずれも，電話通信に必要な回線数を算定する問題である．

> **問題1（図1.1）** A町からB町に電話をかけるための回線を敷設することを考える．A町からB町へ向けて，接続要求（呼という）が1分あたり2回発生する．また，通話時間は平均5分である．すべての回線が塞がっていて，接続してもらえない[*1]確率（呼損率という）を 0.01 以下にするためには，何本の回線を用意すればよいだろうか．

[*1] 実際には「ただいま電話が繋がりにくくなっています．しばらくしてから，おかけ直しください」等のメッセージを聞くことになる．

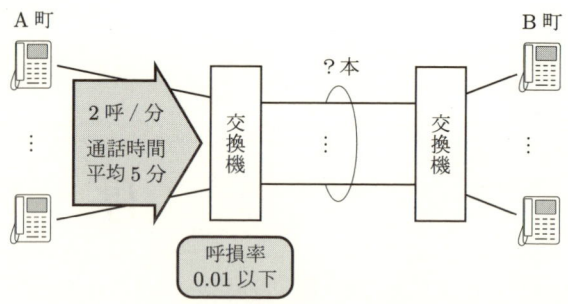

図 1.1　A-B 町間の電話回線

問題 2（図 1.2）　あるコールセンターには 1 時間あたり 50 件の呼が到着し，通話時間は平均 10 分である．すべての応対用回線が塞がっていて，客が待たされる[*1] 確率（**待ち率**という）を 0.1 以下にするためには，何本の応対用回線を用意すればよいだろうか．

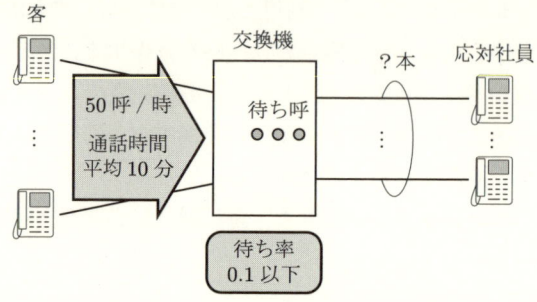

図 1.2　コールセンターの応対用回線

　これらの問題解決に求められているのは，あるサービス水準を達成するために必要な回線数を算定することである．さらに，需要の変化に応じた再設計を可能にしておく必要がある．そのためには，問題 1 ならば，単位時間あたりの到着呼数（**到着率**という），平均通話時間，回線数が与えられると，それらの値から呼損率を算出できる数学モデルがあれば好都合である．また，問題 2 ならば，到着率，平均通話時間，応対用回線数から待ち率を算出できるモデルが望ましい．このようなモデルがあれば，予想される需要に対する的確な設備投資が可能となる．
　20 世紀初めに，デンマークの電話技師アーラン（Agner Krarup Erlang）は，上述

[*1] 実際には「ただいま多くのお問い合わせをいただいております．しばらくそのままでお待ちください」等のメッセージを聞くことになる．

の問題解決に役立つ数学モデルとそれを解析するための理論を考案した．これが**トラヒック理論**（traffic theory）である．

　呼が到着すると，電話交換機は，あいている回線を割り当てる．そして，その呼は割り当てられた回線を占有し，通話が終了すると去っていく．ここで，呼は互いに独立でランダムに発生すると考える．人はそれぞれの都合で勝手に電話をかけるので，これは自然な考え方である．さらに，通話もランダムに終了すると考えるのが自然である．このように考えると，呼の到着時間間隔，通話時間のいずれも指数分布に従うとみなすことができる．これについては第3章で詳しく説明する．

　アーランの理論は，その後さまざまな分野の問題解決に応用されると共に，より一般的な**待ち行列理論**（queueing[*1] theory）として体系化された．これは，販売窓口などの前に発生する順番待ちの行列長や待ち時間などを算出するための理論である．たとえば，問題2において，呼を客，通話時間を座席の予約や支払いに要する時間に置き換えると，切符販売窓口のモデルとなる．そこで，第4章では，待ち行列理論で使われる用語を定義し，待ち行列モデルを解析することによって得られる評価測度について述べる．そして，解析に関わりの深い**マルコフ連鎖**，**出生死滅過程**について，それぞれ第5，6章で詳述する．

　さて，前述のように電話交換機の基本的な役割は，到着呼に対してあいている回線を割り当てることである．しかし，すべての回線が塞がっていれば，その呼は呼損あるいは待ちとなる．そこで，呼の到着率，平均通話時間，回線数が与えられたときに，ある呼の到着時にすべての回線が塞がっている確率を求めることが解析の目的となる．全回線塞がりのときに，問題1のように呼損となるモデルについては第7章で，問題2のように待ちとなるモデルについては第8章で検討する．

　また，インターネットに代表されるように，現在では，データをパケット化して伝送することが多い．パケット通信の概念が提唱されたのは，アーランの理論から半世紀を経過した頃である．アメリカ空軍ランド研究所のバラン（Paul Baran）とイギリス国立物理学研究所のデービス（Donald Watts Davies）がほぼ同時期に提唱したとされている．アーランのモデルは電話交換機を想定したものであるが，呼をパケット，通話時間をパケット送出時間（1個のパケットを回線に送出するのに要する時間）に置き換えると，ルータやハブのモデルにもなる．そこで，ルータの設計に関する問題も提示しておくことにしよう．

[*1] 正しくは queuing であるが，専門用語では queueing が使われている．

問題3（図1.3） あるルータには，特定の方面に向かうパケットが1秒あたり100個到着する．到着パケットはルータ内の一時蓄積用のメモリ（バッファという）にいったん収納され，当該方面の回線に順次送出される．伝送速度が1Gbps[*1]，平均パケットサイズが1KB（キロバイト）であるとき，バッファが一杯で到着パケットが棄却される確率（**棄却率**という）を10^{-5}以下にするためには，何パケット分のバッファを装備すればよいだろうか．

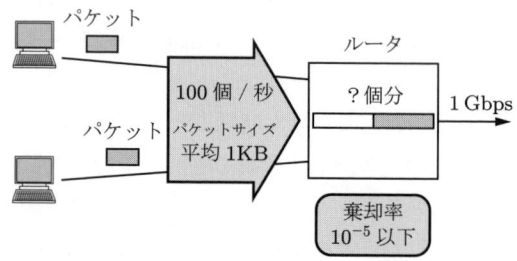

図 1.3 ルータのバッファ容量

この問題の解答は第9章で示される．

ここであげた三つの問題に対して根拠のある解答を示すことのできる理論がトラヒック理論であり，それは確率論を基盤としている．そこで，次章では，本書を読み進める上で必要となる確率論の基礎知識を簡潔にまとめている．

それでは，問題の解答へと徐々に近づいていくことにしよう．

[*1] G は giga（ギガ）の略字で10^9（10億）を意味する．また，bps（bit per second）は通信速度の単位で1秒間に伝送することができるビット数を表している．

第2章 確率論の基礎知識

本章では，これ以降の章で必要となる確率論に関する基礎知識を簡潔にまとめている．まず，初等的な確率の説明から入り，確率変数とその分布へと話を進める．そして，分布の特性を表す二つの重要な値である平均と分散についてやや詳しく説明する．本章の最後では，トラヒック理論において重要な位置を占める確率過程について簡単に触れる．

2.1 事象と確率

実験，計測，観測などを**試行** (trial) といい，試行により得られる結果を**標本** (sample) という．そして，生起しうるすべての標本の集合を**標本空間** (sample space) という．また，標本空間 Ω の任意の部分集合を**事象** (event) という．

> **例 2.1（試行，標本，標本空間，事象）**
> コイントスという試行において生起しうる標本は，「表」，「裏」であるから，標本空間 Ω は次のようになる．
>
> $$\Omega = \{\,表,\ 裏\,\}$$
>
> また，この場合，すべての事象の集合 S は次のとおりである．
>
> $$S = \{\phi, \{\,表\,\}, \{\,裏\,\}, \{\,表,\ 裏\,\}\}$$
>
> ただし，ϕ は空集合を表している．

すべての事象の集合を S とする．確率論では，事象は次のような性質をもっていると仮定している．

(1) $\Omega \in S$
(2) $A \in S$ ならば，**余事象** $A^c = \{\omega ; \omega \notin A\} \in S$
(3) $A \in S, B \in S$ ならば，**和事象** $A \cup B \in S$

性質 (1), (2) より, $\Omega^c = \phi$ も事象である．さらに,

$$(A^c \cup B^c)^c = A \cap B \tag{2.1}$$

であるから, 性質 (2), (3) より, A と B が事象であれば, **積事象** $A \cap B$ も事象である．また, 事象 A, B について $A \cap B = \phi$, すなわち, A と B が互いに素であるとき, A と B は互いに**排反**である (exclusive) という．

例 2.2（和事象，積事象，余事象，排反事象）
サイコロを振って, 3 の倍数の目が出る事象を A, 奇数の目が出る事象を B_1, 偶数の目が出る事象を B_2 とすると,

$$A = \{3, 6\}, \ B_1 = \{1, 3, 5\}, \ B_2 = \{2, 4, 6\}$$

となるので,

$$A \cup B_1 = \{1, 3, 5, 6\}, \ A \cap B_1 = \{3\}, \ A^c = \{1, 2, 4, 5\}$$

である．また, $B_1 \cap B_2 = \phi$ なので, B_1 と B_2 は互いに排反である．

標本空間 Ω 上の任意の事象 A に対して,

(1) $0 \leq P(A) \leq 1$
(2) $P(\Omega) = 1$
(3) 互いに排反な事象 $A_1, A_2, A_3, \ldots$ に対して, $P\left(\bigcup_i A_i\right) = \sum_i P(A_i)$

を満足するように定義された関数 $P(A)$ を事象 A の**確率** (probability) という．(1)〜(3) は**確率の公理**とよばれている．

例 2.3（確　率）
硬貨を投げたとき, 標本空間 $\Omega = \{表, 裏\}$ で, 事象 $\{表\}$ と $\{裏\}$ は互いに排反である．したがって, 確率の公理より,

$$P(\Omega) = P(表 \cup 裏) = P(表) + P(裏) = 1$$

となる．$\{表\}$, $\{裏\}$ の生起は同様に確からしいと考えられるので, それぞれの確率は次式のようになる．

$$P(表) = P(裏) = \frac{1}{2}$$

 ## 条件付確率

事象 B が生起したという条件の下で事象 A が生起する確率を考えよう．最終的に A も B も生起することを想定するので，求める確率は $P(A \cap B)$ であるかのように思われる．しかし，B はすでに生起しているので，B を標本空間とみなさなければならない．したがって，$P(B)$ に対する $P(A \cap B)$ の比率を考える必要がある．このことから，事象 B が生起したという条件の下で事象 A が生起する確率 $P(A|B)$ は，

$$P(A|B) = \frac{P(A \cap B)}{P(B)} \tag{2.2}$$

と定義される．ただし，$P(B) > 0$ である．式 (2.2) を条件 B の下での A の**条件付確率**（conditional probability）という．

式 (2.2) より，

$$P(A \cap B) = P(B)P(A|B) \tag{2.3}$$

である．ここで，$P(A \cap B) = P(B \cap A)$ であるから，$P(A) > 0$ ならば，次式も成り立つ．

$$P(A \cap B) = P(A)P(B|A) \tag{2.4}$$

A も B も生起するとは，まず一方が生起して，その条件の下でもう一方が生起するということである．

事象 $B_1, B_2, \ldots$ は互いに排反で，$A \subset (B_1 \cup B_2 \cup \cdots)$ であるとすると，A は

$$A = \bigcup_i A \cap B_i \tag{2.5}$$

と表される．$A \cap B_1, A \cap B_2, \ldots$ は互いに排反であるから，確率の公理 (3) より，

$$P(A) = \sum_i P(A \cap B_i) \tag{2.6}$$

となる．したがって，式 (2.3)，(2.6) より，次式が成立する．

$$P(A) = \sum_i P(B_i)P(A|B_i) \tag{2.7}$$

ただし，$P(B_i) > 0 \ (i = 1, 2, 3, \ldots)$ である．式 (2.7) を**全確率の法則**（low of total probability）という．条件に関して平均（2.7 節参照）をとることによって，条件を外すことができるのである．

そして，さらに $P(A) > 0$ ならば，全確率の法則を用いて，

$$P(B_i|A) = \frac{P(B_i)P(A|B_i)}{\sum_i P(B_i)P(A|B_i)} \tag{2.8}$$

が導き出される．式 (2.8) をベイズの定理（Bayes' theorem）という．これを使って条件を入れ替えることができる．

例 2.4（条件付確率）

再び，例 2.2 について考える．

$$P(A \cap B_1) = \frac{1}{6}, \quad P(B_1) = \frac{1}{2}$$

であるから，式 (2.2) より，条件付確率 $P(A|B_1)$ は次式のようになる．

$$P(A|B_1) = \frac{P(A \cap B_1)}{P(B_1)} = \frac{1}{6} \div \frac{1}{2} = \frac{1}{3}$$

サイコロの目が奇数，すなわち，1 か 3 か 5 であることはすでにわかっているので，それが 3 の倍数である確率は 1/3 である．

同様にして，$P(A|B_2)$ は次式のようになる．

$$P(A|B_2) = \frac{P(A \cap B_2)}{P(B_2)} = \frac{1}{3}$$

これらの条件付確率より，全確率の法則 (2.7) が成立していることがわかる．

以下，本書では，$P(A \cap B)$ を $P(A, B)$ とかく．事象 A, B が

$$P(A, B) = P(A)P(B) \tag{2.9}$$

を満足するとき，A と B は互いに独立である (independent) という．ここで，$P(B) > 0$ のとき，式 (2.9) を式 (2.3) に代入すると，

$$P(A) = P(A|B) \tag{2.10}$$

となる．また，$P(A) > 0$ のとき，式 (2.4)，(2.9) より，

$$P(B) = P(B|A) \tag{2.11}$$

となる．したがって，式 (2.9) が成立すれば，一方の生起が他方の生起確率に影響を

及ぼさないことがわかる．一般的に，

$$P(A_1, A_2, A_3, \ldots, A_n) = P(A_1)P(A_2)P(A_3)\cdots P(A_n) \tag{2.12}$$

ならば，$A_1, A_2, A_3, \ldots, A_n$ は互いに独立であると定義される．

例 2.5（独立事象の確率）
複数回のコイントスは互いに独立な試行であるから，n 回続けて表の出る確率は次式のようになる．

$$P(\underbrace{表, 表, \cdots, 表}_{n}) = (P(表))^n = \frac{1}{2^n}$$

2.3 順列と組合せ

互いに異なる n 個のものを並べることを考えよう．1 番目の選び方は n 通りある．2 番目の選び方は，すでに 1 番目に選ばれたものを除く $n-1$ 通りある．3 番目の選び方は，すでに選ばれた 2 個を除く $n-2$ 通りある．このように順に考えると，並べ方の場合の数は $n(n-1)(n-2)\cdots 1$ である．ここで，1 から n までの n 個の整数の積を $n!$ と表記する．すなわち，

$$n(n-1)(n-2)\cdots 1 = n! \tag{2.13}$$

とかく．$n!$ を n の**階乗**（factorial）という．

次に，互いに異なる n 個のものの中から $k\,(\leq n)$ 個を選び出して並べることを考えよう．選ばれなかった $n-k$ 個の並べ方について考える必要がなくなるので，場合の数 ${}_nP_k$ は

$$_nP_k = \frac{n!}{(n-k)!} \tag{2.14}$$

となる．${}_nP_k$ を**順列**（permutation）という．

ところで，式 (2.14) で $k=n$ とすると，

$$_nP_n = \frac{n!}{0!} \tag{2.15}$$

となる．一方，式 (2.13) で考えたように，

$$_nP_n = n! \tag{2.16}$$

である．そこで，$0!$ を次式のように定義する．

$$0! = 1 \tag{2.17}$$

今度は，互いに異なる n 個のものの中から $k\ (\leq n)$ 個選び出すことのみを考える．選び出した k 個の並べ方を考える必要はないので，場合の数 $_nC_k$ は

$$_nC_k = \frac{_nP_k}{k!} = \frac{n!}{k!(n-k)!} \tag{2.18}$$

となる．$_nC_k$ を**組合せ**（combination）という．よく知られているように

$$(1+x)^n = \sum_{k=0}^{n} {}_nC_k\, x^k \tag{2.19}$$

なので，$_nC_k$ を**二項係数**（binomial coefficient）ともいう．$_nC_k$ にはさまざまな表記が存在するが，本書では $\begin{pmatrix} n \\ k \end{pmatrix}$ を使うことにする．

例 2.6（順列，組合せ）

Aさん，Bさん，Cさんの 3 人の中から 2 人を選ぶとする．選んだ 2 人の並べ方は，式 (2.14) より，

$$_3P_2 = \frac{3!}{(3-2)!} = 6$$

通りである．書き並べてみると，(A,B), (B,A), (B,C), (C,B), (C,A), (A,C) となる．これに対して，2 人の選び方は式 (2.18) より，

$$\begin{pmatrix} 3 \\ 2 \end{pmatrix} = \frac{3!}{2!(3-2)!} = 3$$

通りである．書き並べると (A,B), (B,C), (C,A) となる．

二項係数を計算する際に有用な式をあげておこう．整数 $n, k, l\ (n \geq k \geq l \geq 0)$ について，以下にあげる式が成立する．

$$\begin{pmatrix} n \\ k \end{pmatrix} = \frac{n!}{(n-k)!k!} = \frac{n!}{(n-k)!(n-(n-k))!} = \begin{pmatrix} n \\ n-k \end{pmatrix} \tag{2.20}$$

$$\begin{pmatrix} n \\ k \end{pmatrix} = \frac{n!}{k!(n-k)!} = \frac{n(n-1)!}{k(k-1)!(n-k)!}$$
$$= \frac{n}{k} \begin{pmatrix} n-1 \\ k-1 \end{pmatrix} \tag{2.21}$$

$$\begin{pmatrix} n \\ k \end{pmatrix} = \frac{n!}{k!(n-k)!} = \frac{(n-k)(n-1)!}{k!(n-k)!} + \frac{k(n-1)!}{k!(n-k)!}$$
$$= \begin{pmatrix} n-1 \\ k \end{pmatrix} + \begin{pmatrix} n-1 \\ k-1 \end{pmatrix} \tag{2.22}$$

$$\begin{pmatrix} n \\ k \end{pmatrix} \begin{pmatrix} k \\ l \end{pmatrix} = \frac{n!}{k!(n-k)!} \frac{k!}{l!(k-l)!} = \frac{n!}{l!(n-l)!} \frac{(n-l)!}{(k-l)!(n-k)!}$$
$$= \begin{pmatrix} n \\ l \end{pmatrix} \begin{pmatrix} n-l \\ k-l \end{pmatrix} \tag{2.23}$$

ちなみに，式 (2.22) は，図 2.1 に示す**パスカルの三角形** (Pascal's triangle) としてよく知られている．上から $n (= 0, 1, 2, \ldots)$ 段目は，多項式 (2.19) の x^k ($k = 0, 1, 2, \ldots, n$) の係数を順に並べたものとなっている．

```
            1              ⋯ 0 段
          1   1            ⋯ 1 段
        1   2   1          ⋯ 2 段
      1   3   3   1        ⋯ 3 段
    1   4   6   4   1      ⋯ 4 段
  1   5  10  10   5   1    ⋯ 5 段
            ⋮
```

図 2.1 パスカルの三角形

 ## 確率変数と分布

標本空間 Ω を定義域とする実数値関数 $X(\omega)$ ($\omega \in \Omega$) を Ω 上の**確率変数** (random variable, stochastic variable) という．サイコロのように，標本が数値であるときは，単に

$$X(\omega) = \omega$$

とすることが多い．一方，コイントスのように標本が数値でなくても，たとえば，$X(表) = 1$，$X(裏) = 0$ と定めることにより，標本を数値として扱うことが可能になる．

年齢や人数などのように，$X(\omega)$ のとりうる値の個数が可算であれば，$X(\omega)$ は**離散型**である（discrete）という．一方，身長や体重などのように，$X(\omega)$ が連続値をとるのであれば，$X(\omega)$ は**連続型**である（continuous）という．ただし，元の値が連続値であっても，小数点以下第一位などと限定した場合には離散型となる．以下，本書では，表記を簡潔にするため，$X(\omega)$ を単に X とかく．また，$X(\omega)$ がある値をとる確率やある範囲内に入る確率を，たとえば

$$P(\{\omega; X(\omega) \leq x\}) = P(X \leq x)$$

のようにかく．

確率変数 X が実数 x 以下の値をとる確率 $P(X \leq x)$ を表す関数 $F_X(x)$ が存在するとき，すなわち，

$$P(X \leq x) = F_X(x) \tag{2.24}$$

であるとき，$F_X(x)$ を X の**分布関数**（distribution function）という．分布関数を単に**分布**ともいう．以下，本章では，確率変数 X が自明の場合には，$F_X(x)$ を単に $F(x)$ とかく．後述の補分布関数，確率関数，密度関数などについても同様である．

分布関数 $F(x)$ は次のような性質をもっている．

(1) $F(x) \to 0 \quad (x \to -\infty)$
(2) $F(x)$ は非減少関数
(3) $F(x) \to 1 \quad (x \to \infty)$
(4) $P(a < X \leq b) = F(b) - F(a)$

分布関数の性質 (3) と式 (2.24) より，

$$P(X > x) = 1 - F(x) \tag{2.25}$$

である．これを $F^c(x)$ と表記する．すなわち，

$$P(X > x) = F^c(x) \tag{2.26}$$

とかく．$F^c(x)$ を X の**補分布関数**（complementary distribution function）という．補分布関数を単に**補分布**ともいう．

上述の分布関数および補分布関数は，確率変数が離散型か連続型かにかかわらず定義される．これに対して，以下に述べる確率関数，密度関数は，それぞれ離散型，連続型の確率変数について定義される．

確率変数 X が離散型のとき，各々の X の確率の集合を**確率分布**（probability distribution）という．また，

$$P(X = x) = p(x) \tag{2.27}$$

である関数 $p(x)$ が存在するとき，$p(x)$ を X の**確率関数**（probability mass function）という．この場合，X の分布関数 $F(x)$ は次式のようになる．

$$F(x) = \sum_{u \leq x} p(u) \tag{2.28}$$

分布関数の性質 (4) より，

$$P(a < X \leq b) = F(b) - F(a)$$
$$= \sum_{x \leq b} p(x) - \sum_{x \leq a} p(x) = \sum_{a < x \leq b} p(x) \tag{2.29}$$

である．

> **例 2.7**（二項分布）
>
> 試行回数 n，成功確率 p の二項分布（2.5.1 項参照）に従う離散型確率変数 X の確率関数 $p(x)$ は，次式のように与えられる．
>
> $$p(x) = \binom{n}{x} p^x (1-p)^{n-x} \quad (x = 0, 1, 2, \ldots, n)$$
>
> X の範囲は $0, 1, 2, \ldots, n$ であるから，確率分布は $\{p(0), p(1), p(2), \ldots, p(n)\}$ となる．また，X の分布関数 $F(x)$ は次式のようになる．
>
> $$F(x) = \sum_{k=0}^{x} \binom{n}{k} p^k (1-p)^{n-k} \quad (x = 0, 1, 2, \ldots, n)$$

確率変数 X が連続型のとき，その分布関数を $F(x)$ として

$$F(x) = \int_{-\infty}^{x} f(u)\,du \tag{2.30}$$

である非負な関数 $f(x)$ が存在するならば，$f(x)$ を X の**密度関数**（probability density function) という. 分布関数 $F(x)$ が微分可能ならば, 密度関数 $f(x)$ が存在して,

$$\frac{\mathrm{d}F(x)}{\mathrm{d}x} = f(x) \tag{2.31}$$

である. 分布関数の性質 (4) より,

$$P(a < X \leq b) = F(b) - F(a)$$
$$= \int_{-\infty}^{b} f(x)\,\mathrm{d}x - \int_{-\infty}^{a} f(x)\,\mathrm{d}x = \int_{a}^{b} f(x)\,\mathrm{d}x \tag{2.32}$$

である.

例 2.8（指数分布）

パラメータ μ (> 0) の指数分布（2.6.2 項参照）に従う連続型確率変数 X の分布関数 $F(x)$ は, 次式のように与えられる.

$$F(x) = 1 - e^{-\mu x} \quad (x > 0)$$

これより, X の補分布関数 $F^c(x)$, 密度関数 $f(x)$ を求めると, それぞれ

$$F^c(x) = 1 - F(x) = e^{-\mu x} \quad (x > 0)$$

$$f(x) = \frac{\mathrm{d}F(x)}{\mathrm{d}x} = \mu e^{-\mu x} \quad (x > 0)$$

となる. 図 2.2, 2.3 にそれぞれ分布, 密度を示す.

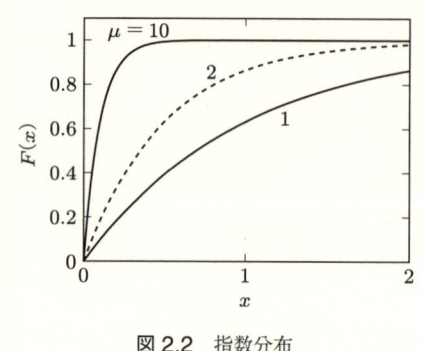

図 2.2 指数分布

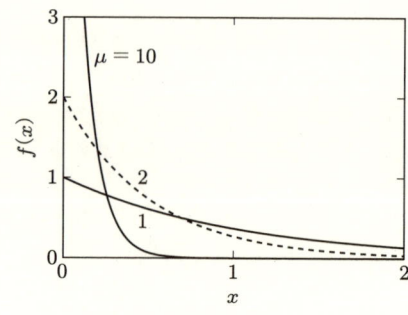

図 2.3 指数分布の密度

以下, 本書では, 表現を簡潔にするため, 「○○分布に従う確率変数 X の□□関数」を「○○分布の□□関数」という. また,「離散型確率変数の分布」,「連続型確率変数の分布」をそれぞれ「離散型分布」,「連続型分布」という.

2.5 離散型分布の例

本節では，離散型分布の例として，二項分布，負の二項分布，幾何分布，ポアソン分布を紹介する．

2.5.1 二項分布

成功か失敗かのような二者択一の試行を**ベルヌーイ試行**（Bernoulli trial）という．n 回の互いに独立で同一なベルヌーイ試行における成功回数 X は，**二項分布**（binomial distribution）に従う．

n 回の試行の中に x 回の成功を配置する場合の数は，$\binom{n}{x}$ である．したがって，成功確率を p，失敗確率を $1-p$ とすると，確率関数 $p(x)$ は次式のようになる．

$$p(x) = \binom{n}{x} p^x (1-p)^{n-x} \qquad (x = 0, 1, 2, \ldots, n) \tag{2.33}$$

また，分布関数 $F(x)$ は次式のようになる．

$$F(x) = \sum_{k=0}^{x} \binom{n}{k} p^k (1-p)^{n-k} \qquad (x = 0, 1, 2, \ldots, n) \tag{2.34}$$

図 2.4, 2.5 にそれぞれ $p = 0.5$, $n = 2, 4, 8$ の場合，$n = 8$, $p = 0.1, 0.2, 0.4$ の場合の確率分布を示す．$p(x)$ は離散値しかとらないが，分布の様子を把握しやすくするために関数値を点線でつないでいる．以下，本書では，離散型関数のグラフを示す際に，必要に応じて関数値を点線でつなぐことにする．

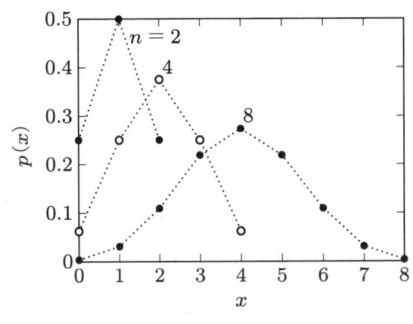

図 2.4 二項分布（$p = 0.5$）

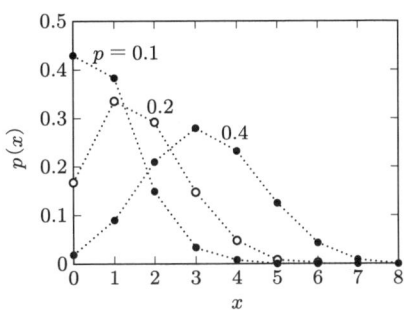

図 2.5 二項分布（$n = 8$）

2.5.2 負の二項分布

互いに独立で同一なベルヌーイ試行を複数回行って，初めて r 回成功するまでの失敗回数 X は，**負の二項分布**（negative binomial distribution）に従う．負の二項分布を**パスカル分布**（Pascal distribution）ともいう．

$X = x$ とすると，ここで考えているベルヌーイ試行では，最終試行，すなわち $x+r$ 回目の試行は成功する．それ以前の $x+r-1$ 回の試行での成功回数，失敗回数はそれぞれ $r-1, x$ である．よって，確率関数 $p(x)$ は

$$p(x) = \binom{x+r-1}{r-1} p^{r-1}(1-p)^x p = \binom{x+r-1}{r-1} p^r(1-p)^x$$

$$= \binom{x+r-1}{x} p^r(1-p)^x \quad (x = 0, 1, 2, \ldots) \tag{2.35}$$

となる．また，分布関数 $F(x)$ は

$$F(x) = \sum_{k=0}^{x} \binom{k+r-1}{k} p^r(1-p)^k \quad (x = 0, 1, 2, \ldots) \tag{2.36}$$

である．図 2.6 に $p = 0.5$, $r = 1, 2, 4$ の場合の確率分布を示す．

ところで，付録 A の式 (A.3) より，負の二項展開は

$$(1-q)^{-r} = \sum_{x=0}^{\infty} \binom{r+x-1}{x} q^x \tag{2.37}$$

と表される．この係数が，確率関数の係数と同じであることが分布名の由来となっている．ちなみに，式 (2.37) で $q = 1-p$ とおくと，式 (2.35) を第 x 項にもつ級数が 1 に収束することがわかる．

$r = 1$ のときの負の二項分布をとくに**幾何分布**（geometric distribution）という．幾何分布は，無記憶性（3.4 節参照）をもつ唯一の離散型分布である（付録 C 参照）．確率関数 $p(x)$，分布関数 $F(x)$ はそれぞれ

$$p(x) = p(1-p)^x \quad (x = 0, 1, 2, \ldots) \tag{2.38}$$

$$F(x) = \sum_{k=0}^{x} p(1-p)^k = 1 - (1-p)^{x+1} \quad (x = 0, 1, 2, \ldots) \tag{2.39}$$

となる．図 2.7 に $p = 0.2, 0.5, 0.8$ の場合の確率分布を示す．

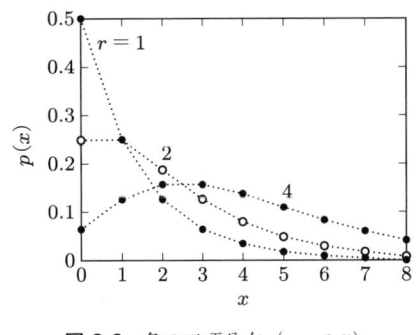

図 2.6 負の二項分布（$p = 0.5$） 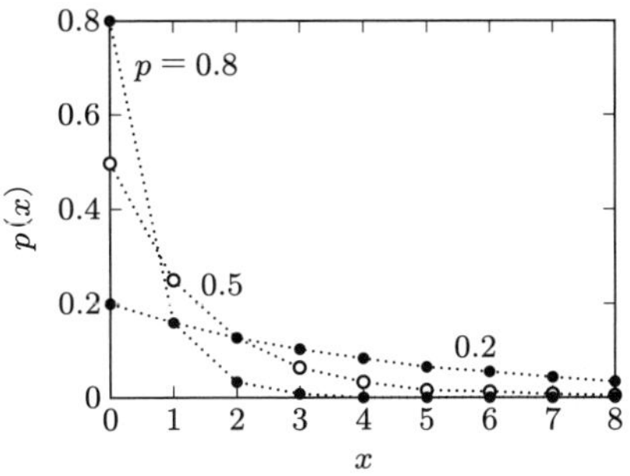　　図 2.7 幾何分布

なお，負の二項分布において，互いに独立で同一なベルヌーイ試行を複数回行って初めて r 回成功するまでに要する試行回数 Y を確率変数とする場合もある．この場合，$Y = y$ とすると，最終試行である y 回目の試行は成功する．それ以前の $y - 1$ 回の試行では，$r - 1$ 回成功し，$(y - 1) - (r - 1) = y - r$ 回失敗する．よって，確率関数 $p(y)$，分布関数 $F(y)$ は，それぞれ

$$p(y) = \begin{pmatrix} y-1 \\ r-1 \end{pmatrix} p^{r-1}(1-p)^{y-r} p$$

$$= \begin{pmatrix} y-1 \\ r-1 \end{pmatrix} p^r (1-p)^{y-r} \quad (y = r, r+1, r+2, \ldots) \quad (2.40)$$

$$F(y) = \sum_{k=r}^{y} \begin{pmatrix} k-1 \\ r-1 \end{pmatrix} p^r (1-p)^{k-r} \quad (y = r, r+1, r+2, \ldots) \quad (2.41)$$

となる．また，この場合の幾何分布の確率関数 $p(y)$，分布関数 $F(y)$ は，それぞれ

$$p(y) = p(1-p)^{y-1} \quad (y = 1, 2, 3, \ldots) \quad (2.42)$$

$$F(y) = \sum_{k=1}^{y} p(1-p)^{k-1} = 1 - (1-p)^y \quad (y = 1, 2, 3, \ldots) \quad (2.43)$$

となる．

2.5.3　ポアソン分布

二項分布において，np（$= \lambda$ とおく）を一定に保ったままで $n \to \infty$，$p \to 0$ とすると，以下のように**ポアソン分布**（Poisson distribution）とよばれる分布が得られる．

まず，二項分布の確率関数 $p(x)$ を次のように変形する．

$$p(x) = \binom{n}{x} p^x (1-p)^{n-x} = \frac{n(n-1)\cdots(n-x+1)}{x!} p^x (1-p)^{n-x}$$

$$= \frac{1 \cdot \left(1-\frac{1}{n}\right)\cdots\left(1-\frac{x-1}{n}\right)}{x!} (np)^x (1-p)^{n-x}$$

$$= \frac{1 \cdot \left(1-\frac{1}{n}\right)\cdots\left(1-\frac{x-1}{n}\right)}{x!} \lambda^x \left(1-\frac{\lambda}{n}\right)^n (1-p)^{-x} \quad (2.44)$$

ここで，$n \to \infty$, $p \to 0$ とすると，

$$\lim_{n \to \infty} \left(1+\frac{x}{n}\right)^n = e^x \quad (2.45)$$

であることから，次式が得られる．

$$p(x) = \frac{\lambda^x}{x!} e^{-\lambda} \quad (x = 0, 1, 2, \ldots) \quad (2.46)$$

この式がパラメータ $\lambda\,(>0)$ のポアソン分布の確率関数である．分布関数 $F(x)$ は次式のようになる．

$$F(x) = \sum_{k=0}^{x} \frac{\lambda^k}{k!} e^{-\lambda} \quad (x = 0, 1, 2, \ldots) \quad (2.47)$$

　式 (2.46) は，互いに独立で同一なベルヌーイ試行において，成功確率はきわめて小さいが，試行回数が十分大きいときに成功回数が x となる確率を表している．二項分布では x は高々 n であったが，$n \to \infty$ としたので，ポアソン分布では x は非負のすべての整数値をとる．図 2.8 に $\lambda = 1, 2, 4, 8$ の場合の確率分布を示す．また，図 2.9 に，$\lambda = 4$ の場合で，二項分布の確率分布がポアソン分布のそれに収束する様子を示している．

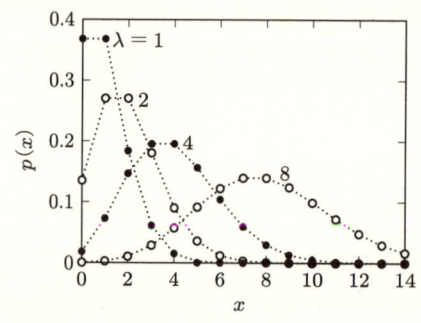

図 2.8　ポアソン分布

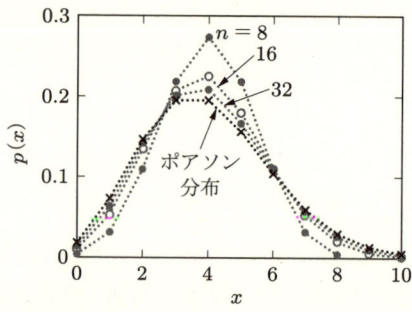

図 2.9　ポアソン分布への収束 ($\lambda = 4$)

2.6 連続型分布の例

本節では，連続型分布の例として，正規分布，ガンマ分布，アーラン分布，指数分布，一様分布を紹介する．

2.6.1 正規分布

平均 μ，分散 σ^2（2.7節参照）の**正規分布**（normal distribution）に従う X の密度関数 $f(x)$ は，

$$f(x) = \frac{1}{\sqrt{2\pi}\sigma} e^{-\frac{(x-\mu)^2}{2\sigma^2}} \qquad (-\infty < x < \infty) \tag{2.48}$$

で与えられる．正規分布を**ガウス分布**（Gaussian distribution）ともいう．

平均 μ，分散 σ^2 の正規分布の表記として，通常 $N(\mu, \sigma^2)$ が使われている．図 2.10 に $N(0, 0.25)$，$N(0, 1)$，$N(0, 4)$ の密度を示す．

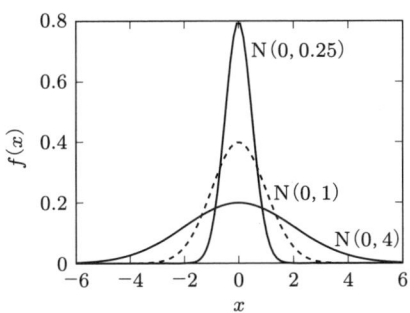

図 2.10　正規分布の密度

$N(0, 1)$ をとくに**標準正規分布**（standard normal distribution）という（任意の $N(\mu, \sigma^2)$ を $N(0, 1)$ に変換する手法については，例 2.10 を参照のこと）．

2.6.2 ガンマ分布

正の実数 μ，k が存在して，確率変数 X (> 0) の密度関数 $f(x)$ が

$$f(x) = \frac{\mu^k x^{k-1}}{\Gamma(k)} e^{-\mu x} = \frac{(\mu x)^k}{x\Gamma(k)} e^{-\mu x} \qquad (x > 0) \tag{2.49}$$

のように与えられたとき，X はパラメータ μ の**ガンマ分布**（gamma distribution）に

従うという.ただし,$\Gamma(\cdot)$ はガンマ関数

$$\Gamma(z) = \int_0^\infty t^{z-1} e^{-t} \, \mathrm{d}t \qquad (\mathrm{Re}[z] > 0)$$

である.ここで,z は複素数,$\mathrm{Re}[\cdot]$ は複素数の実部を表す.分布関数 $F(x)$ は次式のようになる.

$$\begin{aligned} F(x) &= \int_0^x f(s) \, \mathrm{d}s = \frac{1}{\Gamma(k)} \int_0^x (\mu s)^{k-1} e^{-\mu s} \mu \, \mathrm{d}s \\ &= \frac{1}{\Gamma(k)} \int_0^{\mu x} t^{k-1} e^{-t} \, \mathrm{d}t = \frac{\gamma(k, \mu x)}{\Gamma(k)} \qquad (x > 0) \end{aligned} \qquad (2.50)$$

ただし,$\gamma(\cdot)$ は不完全ガンマ関数

$$\gamma(z, x) = \int_0^x t^{z-1} e^{-t} \, \mathrm{d}t \qquad (\mathrm{Re}[z] > 0, \quad x \geq 0) \qquad (2.51)$$

である.図 2.11 に $\mu = 1$ のときのガンマ分布の密度を示す.

k が自然数のガンマ分布をとくに**アーラン分布** (Erlang distribution) といい,k をそのアーラン分布の次数という.k が自然数のときのガンマ関数は

$$\Gamma(k) = (k-1)! \qquad (k = 1, 2, 3, \ldots) \qquad (2.52)$$

であるから,アーラン分布の密度関数 $f(x)$ は

$$f(x) = \frac{\mu^k x^{k-1}}{(k-1)!} e^{-\mu x} = \frac{(\mu x)^k}{x(k-1)!} e^{-\mu x} \qquad (x > 0) \qquad (2.53)$$

となる.また,分布関数 $F(x)$ は次式のようになる.

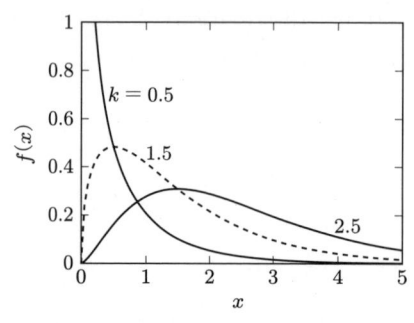
図 2.11　ガンマ分布の密度 ($\mu = 1$)

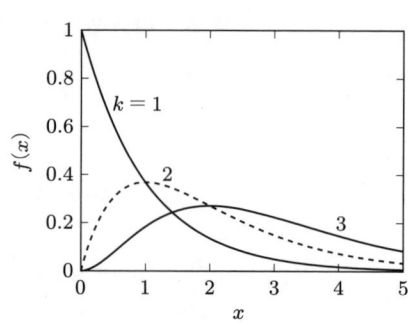
図 2.12　アーラン分布の密度 ($\mu = 1$)

$$F(x) = 1 - \sum_{i=0}^{k-1} \frac{(\mu x)^i}{i!} e^{-\mu x} \qquad (x > 0) \tag{2.54}$$

図 2.12 に $\mu = 1$, $k = 1, 2, 3$ のときのアーラン分布の密度を示す．アーラン分布に対応する離散型分布は，負の二項分布である（付録 B 参照）．

$k = 1$ のガンマ分布（1 次のアーラン分布）を，とくに**指数分布**（exponential distribution）という．密度関数 $f(x)$，分布関数 $F(x)$ は，それぞれ

$$f(x) = \mu e^{-\mu x} \qquad (x > 0) \tag{2.55}$$

$$F(x) = 1 - e^{-\mu x} \qquad (x > 0) \tag{2.56}$$

である（分布および密度のグラフは図 2.2, 2.3 を参照のこと）．式 (2.55) の k 重畳み込みが式 (2.53) であり（例 2.16 参照），式 (2.56) の k 重畳み込みが式 (2.54) である．

指数分布は，無記憶性（3.4 節参照）をもつ唯一の連続型分布である（付録 C 参照）．また，指数分布に対応する離散型分布は，幾何分布である．

2.6.3 一様分布

確率変数 X の密度関数 $f(x)$ が

$$f(x) = \frac{1}{b-a} \qquad (a < x < b) \tag{2.57}$$

のように与えられたとき，X は**一様分布**（uniform distribution）に従うという．分布関数 $F(x)$ は，次式のようになる．

$$F(x) = \frac{x-a}{b-a} \qquad (a < x < b) \tag{2.58}$$

図 2.13 に，$a = 1$, $b = 3$ のときの一様分布の密度を示す．

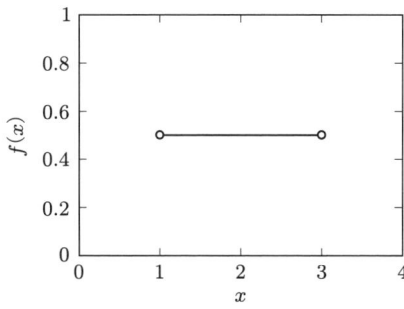

図 2.13 一様分布の密度 ($a = 1$, $b = 3$)

 **平均と分散**

標本空間 Ω 上の離散型確率変数 X の確率関数 $p(x)$ が存在するとする．X の**期待値**（expectation）または**平均**（mean）$E[X]$ は，次式のように定義される．

$$E[X] = \sum_x x p(x) \tag{2.59}$$

一方，X が連続型の場合には，その密度関数を $f(x)$ とすると，$E[X]$ は次式のように定義される．

$$E[X] = \int_{-\infty}^{\infty} x f(x)\,\mathrm{d}x \tag{2.60}$$

式 (2.59), (2.60) 中の X を Ω 上の任意の関数 $\psi(X)$ に拡張することができて，$\psi(X)$ の平均 $E[\psi(X)]$ は，それぞれ

$$E[\psi(X)] = \sum_x \psi(x) p(x) \tag{2.61}$$

$$E[\psi(X)] = \int_{-\infty}^{\infty} \psi(x) f(x)\,\mathrm{d}x \tag{2.62}$$

となる．ここで，E の性質をあげておこう（演習問題 2.4 参照）．

(1) $E[a\psi(X) + b] = E[a\psi(X)] + E[b] = aE[\psi(X)] + b$ 　　（$a,\ b$ は定数）
(2) $E[\psi_1(X_1) + \psi_2(X_2) + \cdots + \psi_n(X_n)]$
　　$= E[\psi_1(X_1)] + E[\psi_2(X_2)] + \cdots + E[\psi_n(X_n)]$
(3) $X_1, X_2, \ldots, X_n$ が互いに独立であれば，
　　$E[\psi_1(X_1)\psi_2(X_2)\cdots\psi_n(X_n)] = E[\psi_1(X_1)]E[\psi_2(X_2)]\cdots E[\psi_n(X_n)]$

さて，連続型確率変数 X の密度関数 $f(x)$ と分布関数 $F(x)$ の間には，

$$f(x) = \frac{\mathrm{d}F(x)}{\mathrm{d}x} \tag{2.63}$$

という関係があるから，

$$f(x)\,\mathrm{d}x = \mathrm{d}F(x) \tag{2.64}$$

とかくことができて，式 (2.62) は次式のように表される．

$$E[\psi(X)] = \int_{-\infty}^{\infty} \psi(x)\,\mathrm{d}F(x) \tag{2.65}$$

この表現を離散型確率変数にも適用して，

$$\int_{-\infty}^{\infty} \psi(x)\,\mathrm{d}F(x) = \begin{cases} \displaystyle\sum_{x} \psi(x)p(x) & (X \text{ が離散型のとき}) \\ \displaystyle\int_{-\infty}^{\infty} \psi(x)f(x)\,\mathrm{d}x & (X \text{ が連続型のとき}) \end{cases} \tag{2.66}$$

と解釈することにすると，確率変数が連続型か離散型かに関わらず，$E[\psi(X)]$ を式 (2.66) の左辺のように表すことができる．このようにかかれた積分を**スチルチェス積分** (Stieltjes integral) という．スチルチェス積分により，分布関数 $F(x)$ を次式のように表現することもできる．

$$F(x) = \int_{-\infty}^{x} \mathrm{d}F(u) \tag{2.67}$$

さて，式 (2.66) において，$\psi(X) = (X - a)^r$ とすると，

$$E[(X-a)^r] = \int_{-\infty}^{\infty} (x-a)^r\,\mathrm{d}F(x) \tag{2.68}$$

となる．$E[(X-a)^r]$ を X の点 a の周りの r 次の**モーメント** (moment) という．とくに，$a = 0$ のとき，

$$E[X^r] = \int_{-\infty}^{\infty} x^r\,\mathrm{d}F(x) \tag{2.69}$$

となるが，これを X の**原点の周りのモーメント**という．したがって，X の平均

$$E[X] = \int_{-\infty}^{\infty} x\,\mathrm{d}F(x) \tag{2.70}$$

は，X の原点の周りの 1 次のモーメントである．なお，単に「モーメント」というと「原点の周りのモーメント」を指すことが多いので，本書もそれにならうことにする．また，$E[(X-a)^r]$ において $a = E[X]$ とした

$$E[(X - E[X])^r] = \int_{-\infty}^{\infty} (x - E[X])^r\,\mathrm{d}F(x) \tag{2.71}$$

を X の r 次の**中心モーメント**という．

X の 2 次の中心モーメントを X の**分散** (variance) といい，$V[X]$ と表記する．すなわち，

$$V[X] = E[(X - E[X])^2] = \int_{-\infty}^{\infty} (x - E[X])^2 \, \mathrm{d}F(x) \tag{2.72}$$

である．分散は X のばらつきを表しており，その値が大きいほど X のばらつきも大きくなる．E の性質を利用すると，分散 $V[X]$ と平均 $E[X]$ の間には，次式のような関係があることがわかる．

$$\begin{aligned} V[X] &= E[(X - E[X])^2] = E[X^2 - 2E[X]X + E[X]^2] \\ &= E[X^2] - E[X]^2 \end{aligned} \tag{2.73}$$

分散には，次のような性質がある（演習問題 2.4 参照）．

(1) $V[aX + b] = a^2 V[X]$ 　　(a, b は定数)
(2) $X_1, X_2, \ldots, X_n$ が互いに独立であれば，
$V[X_1 + X_2 + \cdots + X_n] = V[X_1] + V[X_2] + \cdots + V[X_n]$

例 2.9（モーメント，平均，分散）

パラメータ μ の指数分布に従う X の r 次のモーメント $E[X^r]$ は，次式のようになる．

$$E[X^r] = \int_0^{\infty} x^r f(x) \, \mathrm{d}x = \int_0^{\infty} x^r \mu e^{-\mu x} \, \mathrm{d}x$$

ここで，$\mu x = y$ とおくと，次式が得られる．

$$E[X^r] = \mu^{-r} \int_0^{\infty} y^r e^{-y} \, \mathrm{d}y = \mu^{-r} \Gamma(r+1)$$

式 (2.52) を利用すると，次式のように $E[X^r]$ が得られる．

$$E[X^r] = \frac{r!}{\mu^r}$$

したがって，平均 $E[X]$，分散 $V[X]$ はそれぞれ次のようになる．

$$E[X] = \frac{1}{\mu}$$

$$V[X] = E[X^2] - E[X]^2 = \frac{2!}{\mu^2} - \left(\frac{1}{\mu}\right)^2 = \frac{1}{\mu^2}$$

表2.1 各分布の平均と分散

	分布名	$p(x)$ または $f(x)$	$E[X]$	$V[X]$
離散型	二項分布	$\binom{n}{x} p^x (1-p)^{n-x}$ $(x=0,1,2,\ldots,n)$	np	$np(1-p)$
	負の二項分布	$\binom{x+r-1}{x} p^r (1-p)^x$ $(x=0,1,2,\ldots)$	$\dfrac{r(1-p)}{p}$	$\dfrac{r(1-p)}{p^2}$
	幾何分布	$p(1-p)^x \quad (x=0,1,2,\ldots)$	$\dfrac{1-p}{p}$	$\dfrac{1-p}{p^2}$
	ポアソン分布	$\dfrac{\lambda^x}{x!} e^{-\lambda} \quad (x=0,1,2,\ldots)$	λ	λ
連続型	正規分布	$\dfrac{1}{\sqrt{2\pi}\sigma} e^{-\frac{(x-\mu)^2}{2\sigma^2}}$ $(-\infty < x < \infty)$	μ	σ
	ガンマ分布	$\dfrac{(\mu x)^k}{x\Gamma(k)} e^{-\mu x} \quad (x>0)$	$\dfrac{k}{\mu}$	$\dfrac{k}{\mu^2}$
	アーラン分布	$\dfrac{(\mu x)^k}{x(k-1)!} e^{-\mu x} \quad (x>0)$	$\dfrac{k}{\mu}$	$\dfrac{k}{\mu^2}$
	指数分布	$\mu e^{-\mu x} \quad (x>0)$	$\dfrac{1}{\mu}$	$\dfrac{1}{\mu^2}$
	一様分布	$\dfrac{1}{b-a} \quad (a<x<b)$	$\dfrac{a+b}{2}$	$\dfrac{(b-a)^2}{12}$

表2.1に，2.5, 2.6節であげた分布の平均 $E[X]$ と分散 $V[X]$ を示す．

上述の E と V の有用な応用例として，確率変数の変数変換により，任意の正規分布 $\mathrm{N}(\mu,\sigma^2)$ を標準正規分布 $\mathrm{N}(0,1)$ に変換する方法を紹介する．

例 2.10（標準正規分布への変換）

確率変数 X が正規分布 $\mathrm{N}(\mu,\sigma^2)$ に従うとすると，$E[X]=\mu$, $V[X]=\sigma^2$ である．このとき，

$$Y = \frac{X-\mu}{\sigma}$$

という確率変数 Y を考えると，

$$E[Y] = E\left[\frac{X-\mu}{\sigma}\right] = \frac{1}{\sigma}(E[X]-\mu) = 0$$

$$V[Y] = V\left[\frac{X-\mu}{\sigma}\right] = \frac{1}{\sigma^2}V[X-\mu] = \frac{\sigma^2}{\sigma^2} = 1$$

となるので，Y は $N(0,1)$ に従う．このことから，任意の $N(\mu, \sigma^2)$ を $N(0,1)$ に変換することができる．

たとえば，X が $N(6,4)$ に従うとすると，$Y = \dfrac{X-6}{2}$ は $N(0,1)$ に従うので，次式が成り立つ．

$$P(8 < X \leq 10) = P\left(\frac{8-6}{2} < Y \leq \frac{10-6}{2}\right) = P(1 < Y \leq 2)$$

連続型確率変数 X が非負ならば，ラプラス変換（付録 G 参照）を使って，X の r 次のモーメント $E[X^r]$ を求めることができる．以下，簡単に説明しよう．

定義域が非負の関数 $f(x)$ において，実部が正の複素数を s として $\int_0^\infty e^{-sx} f(x)\,\mathrm{d}x$ が存在するならば，この積分を $f(x)$ の**ラプラス変換**（Laplace transform）という．本書では，ラプラス変換の演算子を $\mathfrak{L}$ と表記する．また，$f(x)$ のラプラス変換を $\tilde{F}(s)$ のように，大文字に $\sim$ をつけた記号で表すこともある．すなわち，

$$\mathfrak{L}[f(x)] = \int_0^\infty e^{-sx} f(x)\,\mathrm{d}x = \tilde{F}(s) \tag{2.74}$$

とする．

さて，

$$e^x = \sum_{n=0}^\infty \frac{x^n}{n!} \tag{2.75}$$

であるから，式 (2.74) を次式のように書き換えることができる．

$$\begin{aligned}
\tilde{F}(s) &= \int_0^\infty e^{-sx} f(x)\,\mathrm{d}x \\
&= \int_0^\infty \left(1 - sx + \frac{(sx)^2}{2!} + \cdots + \frac{(-sx)^r}{r!} + \cdots\right) f(x)\,\mathrm{d}x \\
&= 1 - sE[X] + \frac{s^2}{2!}E[X^2] + \cdots + (-1)^r \frac{s^r}{r!} E[X^r] + \cdots
\end{aligned} \tag{2.76}$$

すると，$\tilde{F}(s)$ の r 階微分は

$$\tilde{F}^{(r)}(s) = (-1)^r E[X^r] + (-1)^{r+1} sE[X^{r+1}] + (-1)^{r+2}\frac{s^2}{2!}E[X^{r+2}] + \cdots \tag{2.77}$$

となるので，

$$E[X^r] = (-1)^r \tilde{F}^{(r)}(0) \tag{2.78}$$

により，X の r 次のモーメント $E[X^r]$ を求めることができる．

▍ **例 2.11**（ラプラス変換を使ったモーメントの計算）
　パラメータ μ の指数分布の密度関数 $f(x)$ のラプラス変換 $\tilde{F}(s)$ は，次式のようになる．

$$\begin{aligned}\tilde{F}(s) &= \int_0^\infty e^{-sx} f(x)\,\mathrm{d}x = \int_0^\infty \mu e^{-(s+\mu)x}\,\mathrm{d}x \\ &= \mu\left[-\frac{e^{-(s+\mu)x}}{s+\mu}\right]_0^\infty = \frac{\mu}{s+\mu} = \mu(s+\mu)^{-1}\end{aligned}$$

$\tilde{F}(s)$ の r 階微分は

$$\tilde{F}^{(r)}(s) = (-1)^r r!\,\mu(s+\mu)^{-(r+1)}$$

であるから，次式のように X の r 次のモーメント $E[X^r]$ が得られる．

$$E[X^r] = (-1)^r \tilde{F}^{(r)}(0) = r!\,\mu^{-r}$$

離散型確率変数 X が非負の整数ならば，

$$E[z^X] = \sum_{i=0}^\infty z^i p(i) \tag{2.79}$$

を使って，X の平均 $E[X]$ と分散 $V[X]$ を求めることができる．$|z| \leq 1$ の範囲では，

$$\left|\sum_{i=0}^\infty z^i p(i)\right| \leq \sum_{i=0}^\infty |z|^i p(i) \leq \sum_{i=0}^\infty p(i) = 1 \tag{2.80}$$

であるから，式 (2.79) の級数は収束する．$E[z^X]$ を X の**確率母関数**（probability generating function）という．以下，本書では，X の確率関数が $p(x)$ であるとき，その確率母関数を $\hat{P}(z)$ のように，大文字に $\wedge$ をつけた記号で表すことにする．すなわち

$$E[z^X] = \sum_{i=0}^\infty z^i p(i) = \hat{P}(z) \tag{2.81}$$

とする．式 (2.81) で $z = 1$ とおくと，当然のことながら

である.

さて, $\hat{P}(z)$ を z で微分すると,

$$\hat{P}(1) = \sum_{i=0}^{\infty} p(i) = 1 \tag{2.82}$$

である.

さて, $\hat{P}(z)$ を z で微分すると,

$$\hat{P}'(z) = \sum_{i=1}^{\infty} i z^{i-1} p(i) \tag{2.83}$$

となる. ここで, $z = 1$ とおくと

$$\hat{P}'(1) = \sum_{i=1}^{\infty} i p(i) = E[X] \tag{2.84}$$

となり, X の平均 $E[X]$ が得られる.

次に, $\hat{P}(z)$ の 2 階微分は

$$\hat{P}''(z) = \sum_{i=2}^{\infty} i(i-1) z^{i-2} p(i) \tag{2.85}$$

であるから, $z = 1$ とおくと

$$\begin{aligned}
\hat{P}''(1) &= \sum_{i=2}^{\infty} i(i-1) p(i) = \sum_{i=2}^{\infty} i^2 p(i) - \sum_{i=2}^{\infty} i p(i) \\
&= \left(\sum_{i=1}^{\infty} i^2 p(i) - p(1) \right) - \left(\sum_{i=1}^{\infty} i p(i) - p(1) \right) \\
&= \sum_{i=1}^{\infty} i^2 p(i) - \sum_{i=1}^{\infty} i p(i) \\
&= E[X^2] - E[X]
\end{aligned} \tag{2.86}$$

となるので,

$$V[X] = E[X^2] - E[X]^2 = \hat{P}''(1) + \hat{P}'(1) - \hat{P}'(1)^2 \tag{2.87}$$

により, X の分散 $V[X]$ を計算することができる.

ちなみに, $\hat{P}(z)$ の k 階微分は

$$\hat{P}^{(k)}(z) = \sum_{i=k}^{\infty} i(i-1)(i-2)\cdots(i-k+1)z^{i-k}p(i) \tag{2.88}$$

であるから，$z=0$ とすると，

$$\hat{P}^{(k)}(0) = k!\, p(k) \tag{2.89}$$

となる．したがって，

$$\frac{\hat{P}^{(k)}(0)}{k!} = p(k) \tag{2.90}$$

により，確率母関数をもとの確率関数に戻すことができる．

例 2.12（確率母関数を使った平均と分散の計算）

試行回数 n，成功確率 p の二項分布の確率関数 $p(x)$ の確率母関数 $\hat{P}(z)$ は，次式のようになる．

$$\begin{aligned}\hat{P}(z) &= \sum_{x=0}^{\infty} z^x p(x) = \sum_{x=0}^{n} z^x \begin{pmatrix} n \\ x \end{pmatrix} p^x (1-p)^{n-x} \\ &= (pz + (1-p))^n\end{aligned}$$

$\hat{P}(z)$ を z で微分すると

$$\hat{P}'(z) = n(pz + (1-p))^{n-1} p$$

となるので，$z=1$ とすると，次式のように平均 $E[X]$ が得られる．

$$E[X] = \hat{P}'(1) = np$$

$\hat{P}(z)$ の 2 階微分は

$$\hat{P}''(z) = n(n-1)(pz + (1-p))^{n-2} p^2$$

であるから，$z=1$ とすると，

$$\hat{P}''(1) = n(n-1)p^2$$

となる．したがって，次式のように分散 $V[X]$ が得られる．

$$\begin{aligned}V[X] &= \hat{P}''(1) + \hat{P}'(1) - \hat{P}'(1)^2 = n(n-1)p^2 + np - n^2 p^2 \\ &= np(1-p)\end{aligned}$$

2.8 多次元分布

前節までは，一つの確率変数 X の分布について説明したが，複数の確率変数についても同様に考えることができる．本節では，確率変数が X, Y の二つの場合について考えよう．

確率変数 X, Y がそれぞれ実数 x, y 以下の値をとる確率 $P(X \leq x, Y \leq y)$ が関数 $F_{X,Y}(x,y)$ で表されるとき，すなわち，

$$P(X \leq x, Y \leq y) = F_{X,Y}(x,y) \tag{2.91}$$

であるとき，$F_{X,Y}(x,y)$ を X, Y の**結合分布関数** (joint distribution function) という．

式 (2.91) において $y \to \infty$ とすると，Y のとる値は任意となるので，

$$F_{X,Y}(x, \infty) = P(X \leq x) \tag{2.92}$$

である．$F_{X,Y}(x, \infty)$ を X の**周辺分布関数** (marginal distribution function) といい，$F_X(x)$ と表記する．すなわち，

$$F_X(x) = P(X \leq x) = F_{X,Y}(x, \infty) \tag{2.93}$$

である．同様にして，Y の周辺分布関数 $F_Y(y)$ は次式のようになる．

$$F_Y(y) = P(Y \leq y) = F_{X,Y}(\infty, y) \tag{2.94}$$

X, Y がいずれも離散型で

$$P(X = x, Y = y) = p_{X,Y}(x,y) \tag{2.95}$$

である関数 $p_{X,Y}(x,y)$ が存在するとき，この関数を X, Y の**結合確率関数** (joint probability mass function) という．このとき，X, Y の結合分布関数 $F_{X,Y}(x,y)$ は，次式のように表される．

$$F_{X,Y}(x,y) = \int_{\substack{u \leq x \\ v \leq y}} dF_{X,Y}(u,v) = \sum_{u \leq x} \sum_{v \leq y} p_{X,Y}(u,v) \tag{2.96}$$

さて，

$$p_{X,Y}(x,y) = P(X = x, Y = y) = P(Y = y) P(X = x | Y = y) \tag{2.97}$$

であるから，すべての y について和をとると，全確率の法則 (2.7) より，

$$\sum_y p_{X,Y}(x,y) = P(X=x) \tag{2.98}$$

となる．これを X の**周辺確率関数** (marginal probability mass function) といい，$p_X(x)$ と表記する．すなわち，

$$p_X(x) = P(X=x) = \sum_y p_{X,Y}(x,y) \tag{2.99}$$

である．同様にして，Y の周辺確率関数 $p_Y(y)$ は次式のようになる．

$$p_Y(y) = P(Y=y) = \sum_x p_{X,Y}(x,y) \tag{2.100}$$

X, Y がいずれも連続型で，

$$F_{X,Y}(x,y) = \int_{-\infty}^{y} \int_{-\infty}^{x} f_{X,Y}(u,v)\,\mathrm{d}u\mathrm{d}v \tag{2.101}$$

である関数 $f_{X,Y}(x,y)$ が存在するとき，この関数を X, Y の**結合密度関数** (joint probability density function) という．$F_{X,Y}(x,y)$ が x, y で偏微分可能ならば，

$$\frac{\partial^2 F_{X,Y}(x,y)}{\partial x \partial y} = f_{X,Y}(x,y) \tag{2.102}$$

である．また，X, Y の**周辺密度関数** (marginal probability density function) は，それぞれ次のようになる．

$$f_X(x) = \int_{-\infty}^{\infty} f_{X,Y}(x,y)\,\mathrm{d}y \tag{2.103}$$

$$f_Y(y) = \int_{-\infty}^{\infty} f_{X,Y}(x,y)\,\mathrm{d}x \tag{2.104}$$

例 2.13（2 次元の分布）

X, Y の結合分布関数 $F_{X,Y}(x,y)$ が次式のように与えられているとする．

$$F_{X,Y}(x,y) = 1 - e^{-ax} - e^{-by} + e^{-ax-by-cxy}$$

$$(x>0,\quad y>0,\quad a>0,\quad b>0,\quad 0 \le c \le ab)$$

$y \to \infty$ として，X の周辺分布関数 $F_X(x)$ を求めると，

$$F_X(x) = F_{X,Y}(x, \infty) = 1 - e^{-ax}$$

となる．同様にして，Y の周辺分布関数 $F_Y(y)$ は，

$$F_Y(y) = F_{X,Y}(\infty, y) = 1 - e^{-by}$$

となる．$F_{X,Y}(x,y)$ を y で偏微分すると，

$$\frac{\partial F_{X,Y}(x,y)}{\partial y} = be^{-by} - (b+cx)\, e^{-ax-by-cxy}$$

となる．さらに x で偏微分すると，X, Y の結合密度関数 $f_{X,Y}(x,y)$ が次式のように得られる．

$$\frac{\partial^2 F_{X,Y}(x,y)}{\partial x \partial y} = f_{X,Y}(x,y) = \bigl(\,(a+cy)(b+cx) - c\,\bigr)\, e^{-ax-by-cxy}$$

すべての x, y について

$$F_{X,Y}(x,y) = F_X(x) F_Y(y) \tag{2.105}$$

が成り立つとき，X と Y は互いに独立であるという．したがって，X, Y がいずれも離散型，連続型ならば，式 (2.105) の条件を，それぞれ

$$p_{X,Y}(x,y) = p_X(x) p_Y(y) \tag{2.106}$$

$$f_{X,Y}(x,y) = f_X(x) f_Y(y) \tag{2.107}$$

と書き換えてもよい．

本節の最後に，条件 $Y = y$ の下での X の条件付分布，および条件付期待値について考えよう．

X, Y がいずれも離散型であれば，$Y = y$ の下での X の**条件付確率関数** (conditional probability mass function) $p_{X|Y=y}(x)$，**条件付分布関数** (conditional distribution function) $F_{X|Y=y}(x)$，**条件付期待値** (conditional expectation) $E[X \mid Y = y]$ は，それぞれ次のように定義される．

$$p_{X|Y=y}(x) = \frac{p_{X,Y}(x,y)}{p_Y(y)} \tag{2.108}$$

$$F_{X|Y=y}(x) = \sum_{u \leq x} p_{X|Y=y}(x) = \sum_{u \leq x} \frac{p_{X,Y}(u,y)}{p_Y(y)} \tag{2.109}$$

$$E[X \mid Y = y] = \sum_x x p_{X|Y=y}(x) = \sum_x \frac{x p_{X,Y}(x,y)}{p_Y(y)} \tag{2.110}$$

ただし，$p_Y(y) > 0$ とする．全確率の法則より，条件となっている Y に関して平均をとることによって，条件を外すことができる．

$$\int_{-\infty}^{\infty} p_{X|Y=y}(x) \, \mathrm{d}F_Y(y) = \sum_y p_{X|Y=y}(x) p_Y(y) = p_X(x) \tag{2.111}$$

$$\int_{-\infty}^{\infty} F_{X|Y=y}(x) \, \mathrm{d}F_Y(y) = \sum_y F_{X|Y=y}(x) p_Y(y) = F_X(x) \tag{2.112}$$

$$\int_{-\infty}^{\infty} E[X \mid Y = y] \, \mathrm{d}F_Y(y) = \sum_y E[X \mid Y = y] p_Y(y) = E[X] \tag{2.113}$$

一方，X, Y がいずれも連続型であれば，$Y = y$ の下での X の**条件付密度関数** (conditional probability density function) $f_{X|Y=y}(x)$，条件付分布関数 $F_{X|Y=y}(x)$，条件付期待値 $E[X \mid Y = y]$ は，それぞれ次のように定義される．

$$f_{X|Y=y}(x) = \frac{f_{X,Y}(x,y)}{f_Y(y)} \tag{2.114}$$

$$F_{X|Y=y}(x) = \int_{-\infty}^{x} f_{X|Y=y}(u) \, \mathrm{d}u = \int_{-\infty}^{x} \frac{f_{X,Y}(u,y)}{f_Y(y)} \, \mathrm{d}u \tag{2.115}$$

$$E[X \mid Y = y] = \int_{-\infty}^{\infty} x f_{X|Y=y}(x) \, \mathrm{d}x = \int_{-\infty}^{\infty} \frac{x f_{X,Y}(x,y)}{f_Y(y)} \, \mathrm{d}x \tag{2.116}$$

ただし，$f_Y(y) > 0$ とする．離散型の場合と同様，それぞれ

$$\int_{-\infty}^{\infty} f_{X|Y=y}(x) \, \mathrm{d}F_Y(y) = \int_{-\infty}^{\infty} f_{X|Y=y}(x) f_Y(y) \, \mathrm{d}y = f_X(x) \tag{2.117}$$

$$\int_{-\infty}^{\infty} F_{X|Y=y}(x) \, \mathrm{d}F_Y(y) = \int_{-\infty}^{\infty} F_{X|Y=y}(x) f_Y(y) \, \mathrm{d}y = F_X(x) \tag{2.118}$$

$$\int_{-\infty}^{\infty} E[X \mid Y = y] \, \mathrm{d}F_Y(y) = \int_{-\infty}^{\infty} E[X \mid Y = y] f_Y(y) \, \mathrm{d}y = E[X] \tag{2.119}$$

により，条件を外すことができる．

例 2.14（条件付の密度関数，分布関数，期待値）

例 2.13 の分布について，$Y = y$ の下での X の条件付密度関数 $f_{X|Y=y}(x)$，条件付分布関数 $F_{X|Y=y}(x)$，条件付期待値 $E[X \mid Y = y]$ は，それぞれ次のようになる．

$$
\begin{aligned}
f_{X|Y=y}(x) &= \frac{f_{X,Y}(x,y)}{f_Y(y)} \\
&= \frac{(\,(a+cy)(b+cx)-c\,)\,e^{-(ax+by+cxy)}}{be^{-by}} \\
&= b^{-1}(\,(a+cy)(b+cx)-c\,)\,e^{-(a+cy)x}
\end{aligned}
$$

$$
\begin{aligned}
F_{X|Y=y}(x) &= \int_0^x f_{X|Y=y}(u)\,\mathrm{d}u \\
&= \int_0^x b^{-1}(\,(a+cy)(b+cu)-c\,)\,e^{-(a+cy)u}\,\mathrm{d}u \\
&= b^{-1}\left[(\,(a+cy)(b+cu)-c\,)\,\frac{e^{-(a+cy)u}}{-(a+cy)}\right]_0^x + b^{-1}\int_0^x ce^{-(a+cy)u}\,\mathrm{d}u \\
&= b^{-1}\left[(\,(a+cy)(b+cu)-c\,)\,\frac{e^{-(a+cy)u}}{-(a+cy)}\right]_0^x + b^{-1}\left[\frac{ce^{-(a+cy)u}}{-(a+cy)}\right]_0^x \\
&= b^{-1}\left[-(b+cu)e^{-(a+cy)u}\right]_0^x \\
&= 1 - b^{-1}(b+cx)e^{-(a+cy)x}
\end{aligned}
$$

$$
\begin{aligned}
E[X \mid Y = y] &= \int_0^\infty x f_{X|Y=y}(x)\,\mathrm{d}x \\
&= b^{-1}\int_0^\infty (\,(a+cy)(b+cx)-c\,)\,xe^{-(a+cy)x}\,\mathrm{d}x \\
&= b^{-1}\left[(\,(a+cy)(b+cx)-c\,)\,x\frac{e^{-(a+cy)x}}{-(a+cy)}\right]_0^\infty \\
&\quad - b^{-1}\int_0^\infty (\,(a+cy)cx + (a+cy)(b+cx) - c\,)\,\frac{e^{-(a+cy)x}}{-(a+cy)}\,\mathrm{d}x
\end{aligned}
$$

ここで，

$$
\lim_{x \to \infty} e^{-sx} x^n = 0 \quad (\mathrm{Re}[s] > 0,\ n = 1, 2, 3, \ldots)
$$

であることから，第 1 項は 0 となるので，次式のようになる．

$$
E[X \mid Y = y] = b^{-1}\int_0^\infty \left(b + 2cx - \frac{c}{a+cy}\right) e^{-(a+cy)x}\,\mathrm{d}x
$$

$$= b^{-1} \left\{ \left(b - \frac{c}{a+cy} \right) \int_0^\infty e^{-(a+cy)x} \, \mathrm{d}x + 2c \int_0^\infty x e^{-(a+cy)x} \, \mathrm{d}x \right\}$$

$$= b^{-1} \left\{ \left(b - \frac{c}{a+cy} \right) \int_0^\infty e^{-(a+cy)x} \, \mathrm{d}x \right.$$
$$\left. + 2c \left[\frac{xe^{-(a+cy)x}}{-(a+cy)} \right]_0^\infty + 2c \int_0^\infty \frac{e^{-(a+cy)x}}{a+cy} \, \mathrm{d}x \right\}$$

上と同様の理由から，第 2 項は 0 となるので，$E[X \mid Y = y]$ は結局次式のようになる．

$$E[X \mid Y = y] = \left(1 + \frac{b^{-1}c}{a+cy} \right) \left[\frac{e^{-(a+cy)x}}{-(a+cy)} \right]_0^\infty$$
$$= \frac{a+cy+b^{-1}c}{(a+cy)^2}$$

2.9 畳み込み

本節では，互いに独立な確率変数 X, Y の和 $X+Y$ の分布について考える．まず，$X+Y$ の分布関数 $F_{X+Y}(z)$ は，

$$F_{X+Y}(z) = P(X+Y \le z) = \int_{x+y \le z} \mathrm{d}F_{X,Y}(x,y) \tag{2.120}$$

となる．これは，XY 平面上の点が図 2.14 の色のついた領域（直線 $X+Y=z$ を含む）内に入る確率である．

ここで，X と Y が互いに独立ならば，

$$F_{X+Y}(z) = \iint_{x+y \le z} \mathrm{d}F_X(x) \, \mathrm{d}F_Y(y)$$

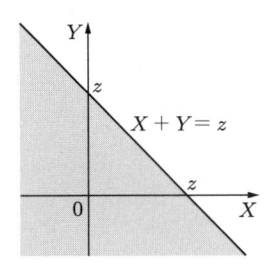

図 2.14　$X+Y \le z$ の領域

$$= \int_{y=-\infty}^{\infty} \int_{x=-\infty}^{z-y} \mathrm{d}F_X(x)\,\mathrm{d}F_Y(y)$$

$$= \int_{-\infty}^{\infty} F_X(z-y)\,\mathrm{d}F_Y(y) \tag{2.121}$$

または

$$F_{X+Y}(z) = \int_{-\infty}^{\infty} F_Y(z-x)\,\mathrm{d}F_X(x) \tag{2.122}$$

となる．式 (2.121), (2.122) を $F_X(x)$ と $F_Y(y)$ の**畳み込み** (convolution) という．以下，本書では，畳み込みの演算子として $*$ を用いることにする．すなわち，

$$\int_{-\infty}^{\infty} F_X(z-y)\,\mathrm{d}F_Y(y) = \int_{-\infty}^{\infty} F_Y(z-x)\,\mathrm{d}F_X(x) = F_X * F_Y(z) \tag{2.123}$$

とかく．

例 2.15（分布関数の畳み込み）

パラメータ μ の指数分布の分布関数 $F(x)$，密度関数 $f(x)$ は，それぞれ

$$F(x) = 1 - e^{-\mu x}, \quad f(x) = \mu e^{-\mu x} \quad (x > 0)$$

である．指数分布の定義域が正の実数であることに注意すると，畳み込み $F * F(z)$ は次式のようになる．

$$\begin{aligned}
F * F(z) &= \int_0^z F(z-y)\,\mathrm{d}F(y) = \int_0^z F(z-y) f(y)\,\mathrm{d}y \\
&= \int_0^z (1 - e^{-\mu(z-y)}) \mu e^{-\mu y}\,\mathrm{d}y = \mu \int_0^z (e^{-\mu y} - e^{-\mu z})\,\mathrm{d}y \\
&= \mu \left[-\frac{e^{-\mu y}}{\mu} - e^{-\mu z} y \right]_0^z \\
&= 1 - e^{-\mu z} - \mu e^{-\mu z} z \quad (z > 0)
\end{aligned}$$

確率変数 X, Y がいずれも連続型であれば，$X+Y$ の密度関数 $f_{X+Y}(z)$ は，

$$f_{X+Y}(z) = \frac{\mathrm{d}F_{X+Y}(z)}{\mathrm{d}z}$$

$$= \int_{-\infty}^{\infty} f_X(z-y)\,\mathrm{d}F_Y(y) = \int_{-\infty}^{\infty} f_X(z-y) f_Y(y)\,\mathrm{d}y \tag{2.124}$$

または

$$f_{X+Y}(z) = \int_{-\infty}^{\infty} f_Y(z-x)\,\mathrm{d}F_X(x) = \int_{-\infty}^{\infty} f_X(x)f_Y(z-x)\,\mathrm{d}x \quad (2.125)$$

となる．式 (2.124), (2.125) を $f_X(x)$ と $f_Y(y)$ の畳み込みといい，以下，本書では，

$$\int_{-\infty}^{\infty} f_X(z-y)f_Y(y)\,\mathrm{d}y = \int_{-\infty}^{\infty} f_X(x)f_Y(z-x)\,\mathrm{d}x = f_X * f_Y(z) \quad (2.126)$$

とかく．これは，XY 平面における直線 $X+Y=z$（図 2.14 参照）上の密度である．

三つの関数 f_1, f_2, f_3 の畳み込みについては，まず $f_1 * f_2$ を求め，それと f_3 の畳み込みを求める．あるいは，f_1 と $f_2 * f_3$ の畳み込みを求めてもよい．畳み込み演算では結合則が成り立つためである．したがって，順次畳み込みを行うことにより，任意の個数の関数の畳み込みを考えることができる．

さて，互いに独立な k 個の確率変数 $X_1, X_2, \ldots, X_k$ が同一の分布に従うものとしよう．それらの密度関数を $f(x)$ とすると，$X_1+X_2+\cdots+X_k$ の密度関数は $\underbrace{f * f * \cdots * f}_{k}$

となるが，この畳み込みを f の k **重畳み込み** (k-fold convolution) という．以下，本書では，

$$\underbrace{f * f * \cdots * f}_{k} = f^{(*k)} \quad (2.127)$$

と表記することにする．

例 2.16（密度関数の k 重畳み込み）

パラメータ μ の指数分布の密度関数 $f(x)$ の畳み込み $f * f(z)$ は，次式のようになる．

$$\begin{aligned}f * f(z) &= \int_0^z f(z-y)f(y)\,\mathrm{d}y = \int_0^z \mu e^{-\mu(z-y)}\mu e^{-\mu y}\,\mathrm{d}y \\ &= \mu^2 e^{-\mu z}\int_0^z \mathrm{d}y = \mu^2 z e^{-\mu z} \quad (z>0)\end{aligned}$$

また，3 重畳み込み $f * f * f(z)$ は，次式のようになる．

$$\begin{aligned}f * f * f(z) &= f * f^{(*2)}(z) = \int_0^z f(z-y)f^{(*2)}(y)\,\mathrm{d}y \\ &= \int_0^z \mu e^{-\mu(z-y)}\mu^2 y e^{-\mu y}\,\mathrm{d}y = \mu^3 e^{-\mu z}\int_0^z y\,\mathrm{d}y\end{aligned}$$

$$= \frac{\mu^3 z^2}{2} e^{-\mu z} \quad (z > 0)$$

同様に $f^{(*4)}(z), f^{(*5)}(z), \ldots$ を計算すると，帰納的に k 重畳み込み $f^{(*k)}(z)$ は次式のようになる．

$$f^{(*k)}(z) = \frac{\mu^k z^{k-1}}{(k-1)!} e^{-\mu z} \quad (z > 0)$$

これは，k 次のアーラン分布の密度関数である．

確率変数 X, Y がいずれも離散型であるとき，$p_X(x)$ と $p_Y(y)$ の畳み込み $p_X * p_Y(z)$ は，

$$p_X * p_Y(z) = \int_{-\infty}^{\infty} p_X(z-y) \, \mathrm{d}F_Y(y) = \sum_{y=-\infty}^{\infty} p_X(z-y) p_Y(y) \quad (2.128)$$

または

$$p_X * p_Y(z) = \int_{-\infty}^{\infty} p_Y(z-x) \, \mathrm{d}F_X(x) = \sum_{x=-\infty}^{\infty} p_X(x) p_Y(z-x) \quad (2.129)$$

となる．これは，XY 平面上の点が直線 $X + Y = z$（図 2.14 参照）上に乗る確率である．

例 2.17（確率関数の畳み込み）

パラメータ λ_1, λ_2 のポアソン分布の確率関数をそれぞれ $p_1(x), p_2(x)$ とすると，

$$p_1(x) = \frac{\lambda_1^x}{x!} e^{-\lambda_1} \quad (x = 0, 1, 2, \ldots)$$

$$p_2(x) = \frac{\lambda_2^x}{x!} e^{-\lambda_2} \quad (x = 0, 1, 2, \ldots)$$

である．ポアソン分布の定義域が非負の整数であることに注意すると，畳み込み $p_1 * p_2(z)$ は

$$\begin{aligned}
p_1 * p_2(z) &= \sum_{y=0}^{z} p_1(z-y) p_2(y) = \sum_{y=0}^{z} \frac{\lambda_1^{z-y}}{(z-y)!} e^{-\lambda_1} \frac{\lambda_2^y}{y!} e^{-\lambda_2} \\
&= e^{-(\lambda_1+\lambda_2)} \sum_{y=0}^{z} \frac{\lambda_1^{z-y}}{(z-y)!} \frac{\lambda_2^y}{y!} = \frac{e^{-(\lambda_1+\lambda_2)}}{z!} \sum_{y=0}^{z} \frac{z!}{(z-y)! y!} \lambda_1^{z-y} \lambda_2^y \\
&= \frac{e^{-(\lambda_1+\lambda_2)}}{z!} (\lambda_1 + \lambda_2)^z = \frac{(\lambda_1+\lambda_2)^z}{z!} e^{-(\lambda_1+\lambda_2)}
\end{aligned}$$

となるが，これはパラメータ $\lambda_1 + \lambda_2$ のポアソン分布の確率関数である．

一般的に，各々のパラメータが $\lambda_1, \lambda_2, \ldots, \lambda_k$ のポアソン分布の確率関数の畳み込みは，パラメータ $\lambda_1 + \lambda_2 + \cdots + \lambda_k$ のポアソン分布の確率関数となる（6.2.1 項参照）．

本節の最後に，$X+Y$ の確率母関数 $\hat{P}_{X+Y}(z)$ について考えよう．まず，確率母関数の定義より，

$$\hat{P}_{X+Y}(z) = E[z^{X+Y}] = E[z^X z^Y] \tag{2.130}$$

である．X と Y が互いに独立ならば，z^X と z^Y も互いに独立である．したがって，E の性質 (3) より，

$$E[z^X z^Y] = E[z^X]E[z^Y] \tag{2.131}$$

となる．X, Y の確率母関数をそれぞれ，$\hat{P}_X(z), \hat{P}_Y(z)$ とすると，式 (2.130), (2.131) より，

$$\hat{P}_{X+Y}(z) = \hat{P}_X(z)\hat{P}_Y(z) \tag{2.132}$$

となる．畳み込みの確率母関数は，それぞれの確率母関数の積となるのである．

一般的に，互いに独立な確率変数 $X_1, X_2, \ldots, X_n$ の確率母関数をそれぞれ $\hat{P}_{X_1}(z), \hat{P}_{X_2}(z), \ldots, \hat{P}_{X_n}(z)$ とすると，$X_1 + X_2 + \cdots + X_n$ の確率母関数 $\hat{P}_{X_1+X_2+\cdots+X_n}(z)$ は，

$$\hat{P}_{X_1+X_2+\cdots+X_n}(z) = \hat{P}_{X_1}(z)\hat{P}_{X_2}(z)\cdots\hat{P}_{X_n}(z) \tag{2.133}$$

となる．

なお，ラプラス変換についても同様のことが成り立つ．すなわち，互いに独立な非負の連続型確率変数 $X_1, X_2, \ldots, X_n$ の密度関数のラプラス変換をそれぞれ $\tilde{F}_{X_1}(s), \tilde{F}_{X_2}(s), \ldots, \tilde{F}_{X_n}(s)$ とすると，$X_1 + X_2 + \cdots + X_n$ の密度関数のラプラス変換 $\tilde{F}_{X_1+X_2+\cdots+X_n}(s)$ は，次式のようになる．

$$\tilde{F}_{X_1+X_2+\cdots+X_n}(s) = \tilde{F}_{X_1}(s)\tilde{F}_{X_2}(s)\cdots\tilde{F}_{X_n}(s) \tag{2.134}$$

2.10 確率過程

確率変数 X が時刻 t の関数であるとき，$X(t)$ の系列 $\{X(t); t \geq 0\}$ を**確率過程** (stochastic proccess) という．確率過程では，時間の経過に伴って $X(t)$ の値が確率

的に変化する．このような変化を**遷移**（transition）という．また，時間の経過に伴って $X(t)$ の分布も変化する．

通常，時刻は連続型変数である．しかし，ある特定の時刻のみに注目するときは，時刻を離散型変数と考えたほうが都合がよい．したがって，時刻は連続型と離散型の両方が考えられる．時刻を連続型，離散型とした場合の確率過程をそれぞれ**連続時間確率過程**，**離散時間確率過程**という．確率過程において，時刻 t を定めたときの $X(t)$ の値を**状態**（state）といい，その分布を**状態分布**（state probability distribution）という．また，状態がとりうる値の集合を**状態空間**（state space）という．確率変数は実数値関数であるため，状態には連続型と離散型の両方が考えられるが，本書では離散型で非負の整数値の場合のみを扱う．

例として，図 2.15 にある店内客数の推移を示す．客が到着するたびに店内客数は 1 増加し，店内の客が退去するたびに店内客数は 1 減少する．時刻 t における店内客数 $X(t)$ を状態とすると，$\{X(t); t \geq 0\}$ は連続時間確率過程である．

ここで，特定の時刻として，客の到着時刻に注目しよう．図 2.16 に示すように，便宜的に n 番目の到着時刻を n とし，n 番目の到着客が見る店内客数（到着客自身を含まない）$Y(n)$ を状態とすると，$\{Y(n); n = 0, 1, 2, \ldots\}$ は離散時間確率過程である．

また，状態が初期値 0 から単調増加するとき，その系列をとくに**計数過程**（counting process）という．時刻については，連続型でも離散型でもかまわない．上述の例では，

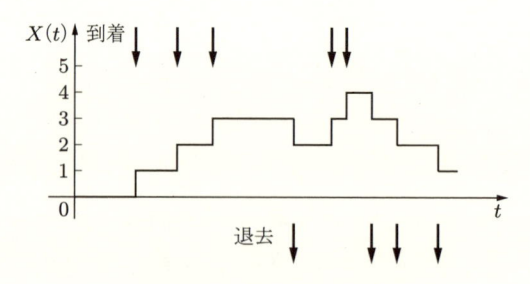

図 2.15 店内客数の推移

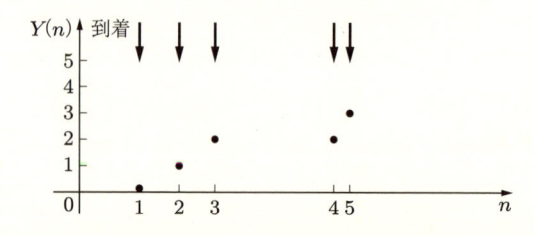

図 2.16 到着客が見る店内客数の推移

時刻 t における到着客数の累計 $N(t)$ を状態とすると，$\{N(t); t \geq 0\}$ は計数過程である．

演習問題

2.1 事象 A と B が互いに独立ならば，A^c と B^c も互いに独立であることを示せ．

2.2 整数 n, k について，次の式が成り立つことを示せ．

(1) $n \begin{pmatrix} n \\ k \end{pmatrix} = (k+1) \begin{pmatrix} n \\ k+1 \end{pmatrix} + k \begin{pmatrix} n \\ k \end{pmatrix}$ $(n > k \geq 0)$

(2) $k \begin{pmatrix} n \\ k \end{pmatrix} = n \begin{pmatrix} n-1 \\ k-1 \end{pmatrix}$ $(n \geq k > 0)$

(3) $\begin{pmatrix} k \\ n \end{pmatrix} = 0$ $(n > k \geq 0)$

2.3 非負の値のみをとる確率変数 X について，次式が成り立つことを示せ．

$$\int_0^\infty F^c(x)\,\mathrm{d}x = E[X]$$

2.4 次の式が成り立つことを示せ．
(1) a と b が定数であれば，$E[aX+b] = aE[X]+b$
(2) $E[X+Y] = E[X]+E[Y]$
(3) X と Y が互いに独立ならば，$E[XY] = E[X]E[Y]$
(4) a と b が定数であれば，$V[aX+b] = a^2 V[X]$
(5) X と Y が互いに独立ならば，$V[X+Y] = V[X]+V[Y]$

第3章

交換機と通話のモデル

道路網内に点在する交差点,あるいは鉄道網内の転轍機(ポイント)のように,通信網においても伝送データの進行方向の切換え点が設けられている.通信では,この切換え作業を交換といい,作業を行う装置を交換機という.本章では,まず,交換の必要性と方式を概説した後,電話交換機のモデルである交換線群について述べる.次に,発生した通話数,損失した通話数,平均通話時間が計測された場合に得られる評価測度について検討する.そして,最後に,通話の発生と通話時間について詳しく調べる.

3.1 交換

まず,複数の端末間での通信を可能にするために,各端末を回線で接続することについて考えよう.たとえば,図 3.1 のように端末どうしを直接接続すると,n 台の端末について,次式に示す本数の回線が必要となる.

$$(n-1)+(n-2)+\cdots+2+1 = \frac{(n-1)n}{2} \tag{3.1}$$

しかし,これでは,端末数の増加に伴って必要な回線数は急激に増加する.そこで,図 3.2 のように,スイッチ回路を内蔵した**交換機**(switching system)を中央に置き,必要に応じて交換機が当該端末どうしを接続することにすれば,端末数に等しい本

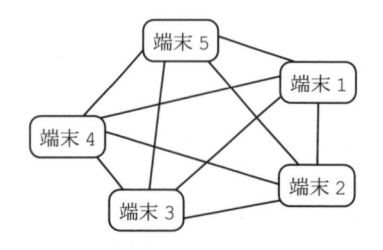

図 3.1 端末どうしの直接接続   **図 3.2** 交換機を介した接続

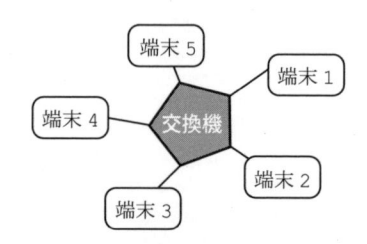

数の回線を用意するだけですむ．交換機が行う接続のための回路切換え作業を**交換**（switching または exchange）という．交換は**回線交換**（circuit switching）と**蓄積交換**（store-and-forward switching）の二つに大別される．

3.1.1 回線交換

　回線交換は，通信の開始から終了まで，通信を行う端末どうしの接続を維持する方式である．そのため，交換機は，通信に先立って当該端末間を接続し，通信が終了するとその接続を切る．旧来の電話網はこの方式を用いている．図 3.2 の端末 1 から 3 にデータを伝送する例を図 3.3 に示す．

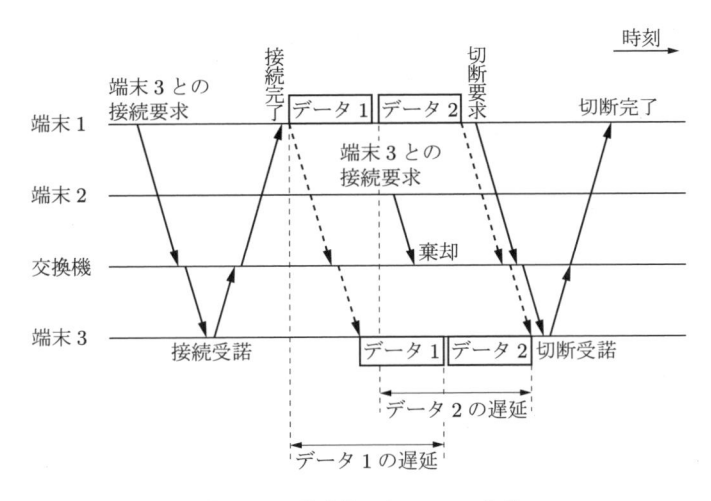

図 3.3 回線交換によるデータ伝送

　まず，端末 1 は，端末 3 との接続を交換機に要求する．このとき，端末 3 が他の端末と通信中ならば，端末 1 からの接続要求は棄却される．一方，端末 3 が通信中でなければ，交換機は端末 1 からの接続要求を端末 3 に通知する．そして，端末 3 の接続受諾を受けて，両端末を接続し，その旨を端末 1 に通知する．これを受けて，端末 1 は端末 3 にデータを伝送し，送り終えると，交換機に切断要求を出す．交換機は切断要求を端末 3 に通知し，端末 3 より受諾が得られれば切断する．
　このように，通信中は両端末間の回線が当事者に占有されるため，第三者による割込みを受けず（図では端末 2 から 3 への接続要求が棄却されている），かつ両端末間の遅延も一定となる．したがって，回線交換は，音声や動画を伝送するリアルタイム・アプリケーションに適している．

3.1.2 蓄積交換

蓄積交換では，交換機は，送信側端末から送られてくるデータをいったん蓄積し，その後，受信側端末に向けて送出する．インターネット（Internet），有線および無線LAN（Local Area Network）などはこの方式を用いている．図3.2の端末1から3にデータを伝送する例を図3.4に示す．

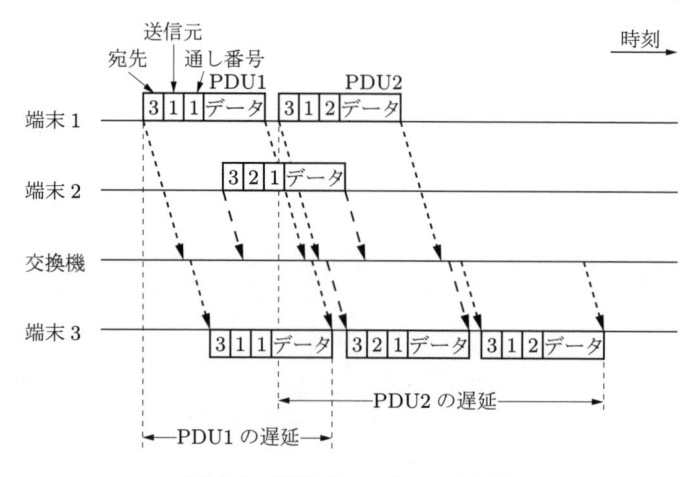

図 3.4 蓄積交換によるデータ伝送

まず，端末1は伝送したいデータをいくつかの塊に分割し，それぞれに宛先，送信元，通し番号などのラベルを付ける．ラベル付けされたデータを**プロトコルデータ単位**（PDU : Protocol Data Unit）という．ここで，**プロトコル**（protocol）とは，通信に関するさまざまな約束事のことで，ネットワークごとに規定されている．端末1は，端末3との接続を交換機に前もって要求する必要はなく，できあがったPDUを交換機に向けて順次送り出せばよい．そのため，交換機には，各端末から送出されたPDUが次々に到着する（図では端末2から3宛のPDUも到着している）．交換機はこれらのPDUをメモリ（バッファ（buffer）という）にいったん蓄積し，それぞれの宛先に向けて順に送り出す．なお，ここでは図3.2に沿って説明したため，蓄積交換を行う機械を交換機とよんでいるが，身近なルータ（router）やハブ（hub）ととらえても差し支えない．

1個のPDU内に含まれているデータの大きさとしては，伝送すべきデータそのもの，数キロバイト以下の可変長，48バイト固定長の3種類があり，これらのPDUをそれぞれ**メッセージ**（message），**パケット**（packet），**セル**（cell）という．これらは同一ネットワーク内で混在して使用されることはなく，ネットワークごとに定められた形式のPDUが用いられる．したがって，蓄積交換は，扱うPDUに応じてメッセー

ジ交換，パケット交換，セル交換の三つに分類される．

図 3.5 に，代表的な有線 LAN であるイーサネット（Ethernet）のパケット形式を示す．図の左手が前方で，英字は項目名の略号，（ ）内の数字はその項目のバイト数である．先頭に置かれている**ヘッダ**（header）は，6 バイトの宛先アドレス DA（Destination Address），6 バイトの送信元アドレス SA（Source Address），2 バイトの上位層プロトコル名 PT（Protocol Type）の 3 項目から構成されている．ここで，アドレスとは，端末を特定するための番号である．また，プロトコルは階層構造をなしており，イーサネットの上位層は，特殊な場合を除き，ほぼ IP（Internet Protocol）である．ヘッダに続いて，46–1500 バイト可変長のデータ I（Information）があり，最後に伝送中のビット誤り検出用符号 FCS（Frame Check Sequence）が付加されている．このように，データの後に付加される通信制御用の情報を**トレイラ**（trailer）という．

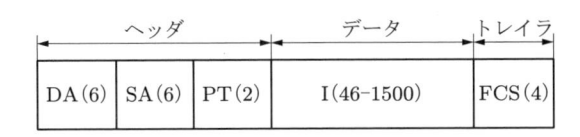

ヘッダ			データ	トレイラ
DA(6)	SA(6)	PT(2)	I(46-1500)	FCS(4)

図 3.5 イーサネットのパケット形式

さて，上述のように，蓄積交換には端末どうしの接続という概念がないため，ある特定の二者によって回線が占有されることはない．そのため，複数の利用者が同時に同じホームページを閲覧することなどが可能となる．その一方で，交換機のバッファに蓄積されている PDU の数は絶えず変動しているため，交換機を通過するのに要する時間が各 PDU で異なる．したがって，図 3.4 に示すように，両端末間の遅延が変動するため，リアルタイムアプリケーションには不向きである．

このように，回線交換と蓄積交換は互いに相反する特徴をもっているため，目的に応じて使い分ける必要がある．

3.2 交換線群

本節では，前節で述べた交換機を評価するためのモデルを紹介する．

まずは，電話交換機に必要な機能を考えよう．基本的な機能は，電話をかけた加入者（**発呼者**という）からの接続要求（**呼**[*1]（call）という）に応じて電話を受ける加入

[*1] 読みは「こ」または「よび」である．通話そのものを指すこともある．

者（**着呼者**という）との間を接続することと，発呼者からの切断要求に応じて接続を切ることである．実際の運用には，課金情報の管理，障害や輻輳発生時の代替経路の確保，付加価値サービスの提供なども含まれるので，電話交換機はさまざまな機能をもつ複雑なシステムである．しかし，トラヒック理論では，通話者間に接続が確保できるか否かを問題とするため，接続に特化した抽象的なモデルで交換機を表現する．このモデルを**交換線群**（switching system）という．交換線群はもともと電話交換機の評価モデルとして考案されたが，呼をパケットと置き換えると，ルータやハブの評価モデルとしても利用することができる．

図3.6に示すように，交換線群は，発呼者宅の電話機または前段の交換機と当該交換機を接続している**入線**（source），当該交換機と後段の交換機を接続している**出線**（trunk），呼の到着した入線とそれに対応する適切な出線を接続する**スイッチ部**（switching element）から構成されている．なお，入線数 N と出線数 S を明示する必要がある場合には，$N \times S$ という表記を用いることがある．

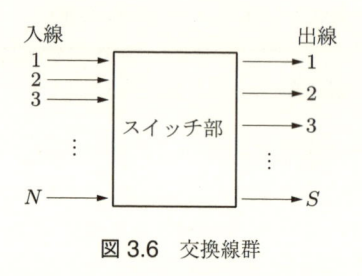

図 3.6 交換線群

個々の交換機については，上述の交換線群でモデル化することができる．したがって，電話網の性能を評価するためには，複数の交換線群が相互に接続されたモデルを解析の対象としなければならないかのように考えられるが，ある交換線群のある方面に向かう出線のみに注目するだけでよいことが知られている．交通渋滞についても，たとえば，ある交差点での右折レーンのように，渋滞の発生する地点は限られており，その地点の渋滞を解決すれば済むことと同じである．ちなみに渋滞の発生しやすい地点を**ボトルネック**（bottleneck）という．これは瓶の首の部分が細くなっていることに由来している．

上述のボトルネックの特性に基づいて，モデル化の際には，注目すべき部分のみがすでに切り出されているものとする．入線に到着する呼はすべて同じ方面に向かうものとし，すべての出線はその方面に到達可能とする．したがって，ある到着呼に対して，あいている出線を1本確保することができれば，その接続要求は満足される．その後通話が終了するまで，通話者間の回線が占有されるが，これを回線の**保留**（holding）

という．したがって，通話時間を**保留時間**（holding time）という．一方，交換線群から見ると，加入者間の通話というサービスを提供することになるので，保留時間のことを出線の**サービス時間**（service time）ともいう．

すべての出線が保留されているときの到着呼への対処として，次にあげる二つの方式がある．第1章の問題1のような通常の交換機は，そのような到着呼をただちに拒絶する．このような方式を**即時式**（loss system）という．これに対して，問題2のようにコールセンターなどに設置されている交換機では，出線を確保できなかった呼を待ちの状態にするものがある．このような方式を**待時式**（waiting system）という．ただし，待ち呼数には上限があり，すでにその上限に達している場合には，到着呼は拒絶される．いずれの方式においても，拒絶された呼は，ただちに消滅すると仮定する．呼が拒絶されることを**呼損**（loss）といい，呼損となった呼を**損失呼**（lost call）という．

スイッチ部についてはこれまでに多種多様な形式が考案されているため，詳細説明を他の専門書に譲ることとするが，ここでは，古典的なスイッチの一つである**クロスバースイッチ**（crossbar switch）を紹介する．図3.7に示すように，格子状配線の各格子点に小さなスイッチが設けられており，格子点スイッチをオンにすると，その格子点に対応する入線（下向きの矢印）と出線（右向きの矢印）が接続される仕組みになっている．

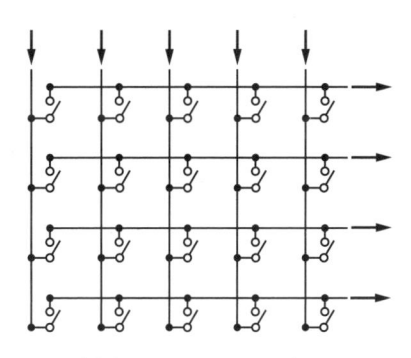

図 3.7　クロスバースイッチ

3.3　呼　　量

前節では，交換機の評価モデルである交換線群について述べた．本節では，ある期間[*1]に観測された到着呼数，損失呼数および延べ保留時間より，評価測度である呼損

[*1] 実際には，繁忙期の1時間を観測期間として，回線数などを設計することが多い．

率と利用率を求める手法を示す．

十分長い観測期間 $(0,t]$ の到着呼数，損失呼数をそれぞれ $A(0,t]$，$B(0,t]$ とする．すると，到着呼が呼損となる確率 B は，次式のようになる．

$$B = \frac{B(0,t]}{A(0,t]} \tag{3.2}$$

B を**呼損率**（loss probability）という．

また，平均保留時間を h とする．ここで，仮に呼損が起こらなかったとすると，期間 $(0,t]$ 中の延べ保留時間 $T(0,t]$ を

$$T(0,t] = A(0,t]\,h \tag{3.3}$$

と考えてよい．$T(0,t]$ を期間 $(0,t]$ において交換線群に**加わるトラヒック量**（offered traffic）という．しかし，$T(0,t]$ は期間長に依存するため，単位時間あたりの交換線群に加わるトラヒック量 a，すなわち，

$$a = \frac{T(0,t]}{t} = \frac{A(0,t]\,h}{t} \tag{3.4}$$

を考えることにする．a を交換線群に**加わる呼量**（offered load）という．式 (3.4) では延べ保留時間を観測時間で割っているため，呼量は無次元の量となるが，単位として**アーラン**（erlang，表記 erl）が用いられている．

現実的には，呼損が起こりうるので，期間 $(0,t]$ 中の延べ保留時間 $T_\mathrm{c}(0,t]$ は

$$T_\mathrm{c}(0,t] = (A(0,t] - B(0,t])\,h \tag{3.5}$$

と考えられる．$T_\mathrm{c}(0,t]$ を期間 $(0,t]$ において交換線群に**運ばれるトラヒック量**（carried traffic）という．したがって，交換線群に**運ばれる呼量**（carried load）a_c，すなわち，単位時間あたりに交換線群に運ばれるトラヒック量は，次式のようになる．

$$\begin{aligned}a_\mathrm{c} &= \frac{T_\mathrm{c}(0,t]}{t} = \frac{(A(0,t] - B(0,t])\,h}{t} = \frac{A(0,t]\,h}{t}\left(1 - \frac{B(0,t]}{A(0,t]}\right) \\ &= a(1-B) \end{aligned} \tag{3.6}$$

式 (3.6) より，呼損率 B は次式のようにも表される．

$$B = \frac{a - a_\mathrm{c}}{a} \tag{3.7}$$

a は交換線群へ入力される呼量，a_c は交換線群から出力される呼量と考えられるので，

3.3 呼量

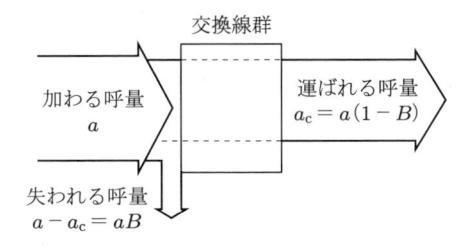

```
            交換線群
  加わる呼量  →[        ]→  運ばれる呼量
     a                         a_c = a(1 − B)
            ↓
         失われる呼量
         a − a_c = aB
```

図 3.8　各呼量の関係

両者の差 $a - a_{\mathrm{c}}$ が呼損により失われる呼量となる．図 3.8 にこれら呼量の関係を示す．

さて，出線数を S とすると，期間 $(0, t]$ における延べ保留時間 $T_{\mathrm{c}}(0, t]$ の上限は St となる．したがって，St に対する $T_{\mathrm{c}}(0, t]$ の割合

$$\eta = \frac{T_{\mathrm{c}}(0, t]}{St} = \frac{a_{\mathrm{c}}}{S} \tag{3.8}$$

は，出線が保留されている（利用されている）時間の割合と考えられる．η を出線の**利用率**（utilization）という．利用率は，通信事業者が設備投資の妥当性を判断するときの尺度となる．

例 3.1（呼量，利用率）

図 3.9 に出線数 $S = 2$ の交換線群において，呼の到着と出線の保留を 60 分間観測した例を示す．色のついた時間帯は出線の保留を表しており，また，到着時の × 印は呼損を表している．

到着呼数 $A(0, 60] = 13$ [呼]，損失呼数 $B(0, 60] = 1$ [呼] であるから，呼損率 B は次式のようになる．

$$B = \frac{B(0, 60]}{A(0, 60]} = \frac{1}{13} \simeq 0.077$$

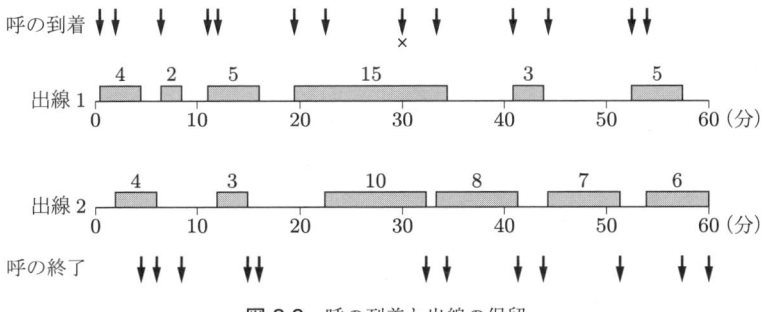

図 3.9　呼の到着と出線の保留

運ばれるトラヒック量 $T_c(0,60]$，すなわち，延べ保留時間は，

$$T_c(0,60] = (4+2+5+15+3+5) + (4+3+10+8+7+6) = 72 \,[\text{分}]$$

となるから，運ばれる呼量 a_c は次式のようになる．

$$a_c = \frac{T_c(0,60]}{60} = \frac{72}{60} = 1.2 \,[\text{erl}]$$

したがって，利用率 η は次式のようになる．

$$\eta = \frac{a_c}{S} = \frac{1.2}{2} = 0.6$$

また，平均保留時間 h は

$$h = \frac{T_c(0,60]}{A(0,60] - B(0,60]} = \frac{72}{12} = 6 \,[\text{分}]$$

となるから，加わる呼量 a は次式のようになる．

$$a = \frac{A(0,60]\,h}{60} = \frac{13 \times 6}{60} = 1.3 \,[\text{erl}]$$

以上で，単位時間あたりの延べ保留時間である呼量を定義したので，次に，単位時間あたりの呼数について考えよう．

期間 $(0,t]$ 中に $A(0,t]$ 呼到着すると，単位時間あたりの到着呼数は

$$\lambda = \frac{A(0,t]}{t} \tag{3.9}$$

となる．λ を呼の**到着率**（arrival rate）という．生起した呼は，ただちに交換線群に到着するので，到着率を**生起率**（originating rate）ともいう．式 (3.9) の定義によると，λ は期間 $(0,t]$ における平均到着率である．しかし，次節で述べるように，到着率が時刻によらず一定と仮定して議論することになるので，単に到着率という．

一方，期間 $(0,t]$ 中に終了する呼数は，この期間に受け入れられた呼数 $A(0,t] - B(0,t]$ に等しいと考えてよい．したがって，単位時間あたりの終了呼数 γ は

$$\gamma = \frac{A(0,t] - B(0,t]}{t} = \frac{A(0,t]}{t}\left(1 - \frac{B(0,t]}{A(0,t]}\right) = \lambda(1 - B) \tag{3.10}$$

となる．γ を**スループット**（throughput）という．スループット γ は，到着率 λ から呼損分を引いたものとなる．図 3.10 に到着率 λ とスループット γ の関係を示す．

ところで，利用率 $\eta = 1$ の出線を仮定すると，この出線は常に保留されていて，ある呼が終了するとただちに次の呼が到着する．したがって，平均的にみると，h の時

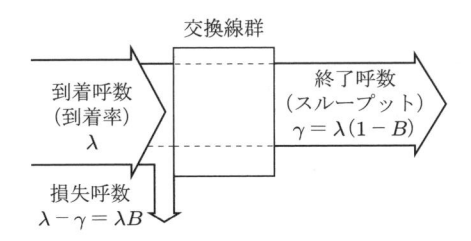

図 3.10 単位時間あたりの呼数

間間隔で呼が終了していることになる．すると，この場合の単位時間あたりの終了呼数は $1/h$ となり，これを μ と表記する．すなわち，

$$\frac{1}{h} = \mu \tag{3.11}$$

とかく．μ は，フル稼働している出線が単位時間あたりに処理することのできる呼数であり，出線の処理能力と考えられる．μ を出線の**サービス率**（service rate）または，呼の**終了率**（terminating rate）という．

ちなみに，出線数 S の交換線群のサービス率は $S\mu$ となる．スループット γ は，原理的に，交換線群のサービス率 $S\mu$ を超えることはできず，次式のような大小関係が常に成立する．

$$\gamma \leq S\mu \tag{3.12}$$

例 3.2（到着率，スループット，サービス率）

図 3.9 の場合，到着率 λ，スループット γ，出線のサービス率 μ はそれぞれ次のようになる．

$$\lambda = \frac{A(0, 60]}{60} = \frac{13}{60} \simeq 0.217 \,[\text{呼／分}]$$

$$\gamma = \lambda(1 - B) = \frac{13}{60} \times \frac{12}{13} = 0.2 \,[\text{呼／分}]$$

$$\mu = \frac{1}{h} = \frac{1}{6} \simeq 0.17 \,[\text{呼／分}]$$

また，交換線群のサービス率は次式のようになる．

$$S\mu = 2 \times \frac{1}{6} \simeq 0.33 \,[\text{呼／分}]$$

$S\mu > \lambda$ となっているので，呼損が起こらないかのように思われるが，到着のタイミングによっては，図 3.9 のように，呼損が起こる．いかなる場合においても呼損率 $B = 0$ とするためには，$N \leq S$ を満足するように出線を用意する，あるいは，待ち呼数の上限が $N - S$ 以上である待時式にするしかない．

ここで，加わる呼量と到着率，運ばれる呼量とスループットの関係を明らかにしておこう．式 (3.4), (3.9), (3.11) より，

$$a = \lambda h = \frac{\lambda}{\mu} \tag{3.13}$$

となるので，加わる呼量 a は，保留時間あたりの到着呼数に等しい．式 (3.13) を式 (3.6) に代入すると，

$$a_c = \lambda h(1 - B) \tag{3.14}$$

となる．式 (3.10), (3.14) より

$$a_c = \gamma h = \frac{\gamma}{\mu} \tag{3.15}$$

となることから，運ばれる呼量 a_c は，保留時間あたりの終了呼数に等しい．したがって，図 3.8 は保留時間あたりの呼数を表していると考えることもできる．

一方，保留時間あたり，保留されている出線数の期待値に等しい数の呼が終了していると考えられる．したがって，運ばれる呼量 a_c を

$$a_c = E[\text{保留されている出線数}] \tag{3.16}$$

と定義することもある．

さて，交換線群のサービス率 $S\mu$ に対する呼の到着率 λ の割合

$$\rho = \frac{\lambda}{S\mu} \tag{3.17}$$

を交換線群に加わる**負荷** (load) という．式 (3.13), (3.17) より，a と ρ の間には次式のような関係がある．

$$\rho = \frac{a}{S} \tag{3.18}$$

式 (3.6), (3.8), (3.18) より，利用率 η を次式のように表すこともできる．

$$\eta = \frac{a(1-B)}{S} = \rho(1-B) \tag{3.19}$$

なお，式 (3.6), (3.10), (3.19) より，呼損が起こらなければ，

$$a_c|_{B=0} = a \tag{3.20}$$

$$\gamma|_{B=0} = \lambda \tag{3.21}$$

$$\eta|_{B=0} = \rho \tag{3.22}$$

となる．第 8 章以降で述べるように，$B=0$ で交換線群が安定に動作するためには $\rho < 1$ でなければならない．

以上，十分長い期間 $(0, t]$ において，到着呼数，損失呼数および延べ保留時間が観測された場合に，呼損率や利用率を求める手法を示した．しかし，トラヒック理論が目指しているのは，通信システムの性能予測である．具体的には，電話交換機であれば，出線数 S と加わる呼量 a が任意に与えられたときの呼損率 B や利用率 η を算定することである．このような予測が可能であれば，たとえば，ピーク時の呼損率をある値以下にするために必要な出線数がわかる．

また，本節で述べた呼損率，利用率は即時式，待時式に共通する重要な評価測度である．待時式では，さらに，待ち時間分布も評価測度となる．これらの評価測度を得るためには，第 7〜9 章で示すように，交換線群を解析して保留されている出線数の分布を導出する必要がある．

3.4　ポアソン到着

本節では，交換線群への呼の到着について詳しく調べる．各加入者はそれぞれの都合で発呼するので，図 3.11 に示すように，各呼は互いに独立でランダムに到着すると考えられる．すると，期間 $(0, t]$ 中の到着呼では，その到着時刻が期間 $(s, s+u]$ $(\subseteq (0, t])$ に入る確率は u/t となる．このことを前提として，任意の期間の到着呼数分布を導出し，その性質について検討する．

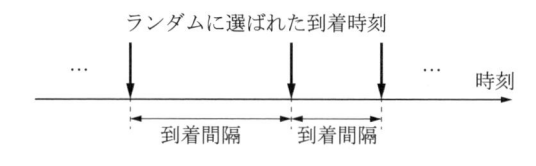

図 3.11　呼のランダムな到着

期間 $(0, t]$ 中の到着呼数を $A(0, t]$ と表記する．$A(0, t] = n$ であるとき，このうちの k $(\leq n)$ 呼が期間 $(s, s+u]$ $(\subseteq (0, t])$ 中に到着する確率は

$$P(A(s, s+u] = k \,|\, A(0, t] = n)$$
$$= \frac{P(A(s, s+u] = k, A(0, t] = n)}{P(A(0, t] = n)}$$

$$= \frac{P(A(s,s+u]=k, (0,t]\text{内の}(s,s+u]\text{以外で}n-k\text{呼到着する})}{P(A(0,t]=n)}$$

$$= \frac{\binom{n}{k}\left(\frac{u}{t}\right)^k\left(1-\frac{u}{t}\right)^{n-k}}{P(A(0,t]=n)} \tag{3.23}$$

となる．分子を式変形すると，

式 (3.23) の分子

$$= \frac{n(n-1)\cdots(n-k+1)}{k!}\left(\frac{u}{t}\right)^k\left(1-\frac{u}{t}\right)^n\left(1-\frac{u}{t}\right)^{-k}$$

$$= \frac{\frac{n}{t}\left(\frac{n}{t}-\frac{1}{t}\right)\cdots\left(\frac{n}{t}-\frac{k-1}{t}\right)}{k!}u^k\left(1-\frac{nu}{nt}\right)^n\left(1-\frac{u}{t}\right)^{-k} \tag{3.24}$$

となる．ここで，平均到着率 $\lambda = n/t$ を一定に保ったままで $t \to \infty$, $n \to \infty$ とすると，

$$\text{式 (3.23) の分子} = \frac{(\lambda u)^k}{k!}e^{-\lambda u} \tag{3.25}$$

となる．また，このとき分母は 1 となって，条件が外れる．したがって，任意の期間 $(s, s+u]$ において，次式が成り立つ．

$$P(A(s,s+u]=k) = \frac{(\lambda u)^k}{k!}e^{-\lambda u} \tag{3.26}$$

この式は，長さ u の任意の期間中の到着呼数がパラメータ λu のポアソン分布に従うことを示しているので，このような到着を**ポアソン到着**（Poisson arrival）という．

ポアソン到着では，重なり合わない任意の 2 期間の各到着呼数は，互いに独立である．以下にそのことを示そう．

期間 $(0, t]$ 内の重なり合わない任意の 2 期間を $(s_1, s_1 + u_1]$, $(s_2, s_2 + u_2]$ とする．$A(0,t] = n$ であるとき，このうちの k_1, k_2 $(k_1 + k_2 \leq n)$ 呼がそれぞれ期間 $(s_1, s_1 + u_1]$, $(s_2, s_2 + u_2]$ 中に到着する確率は

$$P(A(s_1, s_1+u_1]=k_1, A(s_2, s_2+u_2]=k_2 \mid A(0,t]=n)$$

$$= \frac{P(A(s_1, s_1+u_1]=k_1, A(s_2, s_2+u_2]=k_2, A(0,t]=n)}{P(A(0,t]=n)}$$

$$= P(A(s_1, s_1+u_1] = k_1, A(s_2, s_2+u_2] = k_2,\ (0,t]\ 内の$$
$$(s_1, s_1+u_1]\ および\ (s_2, s_2+u_2]\ 以外で\ n-k_1-k_2\ 呼到着する)$$
$$\times \frac{1}{P(A(0,t]=n)}$$
$$= \frac{\binom{n}{k_1}\left(\dfrac{u_1}{t}\right)^{k_1}\binom{n-k_1}{k_2}\left(\dfrac{u_2}{t}\right)^{k_2}\left(1-\dfrac{u_1+u_2}{t}\right)^{n-k_1-k_2}}{P(A(0,t]=n)}$$
$$= \frac{\dfrac{n!}{k_1!\,k_2!\,(n-k_1-k_2)!}\left(\dfrac{u_1}{t}\right)^{k_1}\left(\dfrac{u_2}{t}\right)^{k_2}\left(1-\dfrac{u_1+u_2}{t}\right)^{n-k_1-k_2}}{P(A(0,t]=n)} \tag{3.27}$$

となる．式 (3.24) と同様の式変形で式 (3.27) の分子を式変形し，平均到着率 $\lambda = n/t$ を一定に保ったままで $t \to \infty$, $n \to \infty$ とすると，

$$式\ (3.27)\ の分子 = \frac{(\lambda u_1)^{k_1}(\lambda u_2)^{k_2}}{k_1!\,k_2!}e^{-\lambda(u_1+u_2)} \tag{3.28}$$

となる．また，このとき分母は 1 となって，条件が外れる．したがって，重なり合わない任意の 2 期間 $(s_1, s_1+u_1]$, $(s_2, s_2+u_2]$ において，次式が成り立つ．

$$P(A(s_1, s_1+u_1] = k_1, A(s_2, s_2+u_2] = k_2)$$
$$= \frac{(\lambda u_1)^{k_1}(\lambda u_2)^{k_2}}{k_1!\,k_2!}e^{-\lambda(u_1+u_2)} \tag{3.29}$$

式 (3.26), (3.29) より，

$$P(A(s_1, s_1+u_1] = k_1, A(s_2, s_2+u_2] = k_2)$$
$$= P(A(s_1, s_1+u_1] = k_1)\,P(A(s_2, s_2+u_2] = k_2) \tag{3.30}$$

となるので，重なり合わない任意の 2 期間の各到着呼数は，互いに独立である．

ポアソン到着は，微小時間 Δt 中に呼が到着する確率に顕著な特徴をもっているので，そのことを以下に示す．

任意の時刻 s において式 (3.26) が成立することから，Δt 中に 1 呼到着する確率は

$$P(\Delta t\ 中に\ 1\ 呼到着する)$$

$$= P(A(s, s+\Delta t] = 1) = \lambda \Delta t\, e^{-\lambda \Delta t}$$

$$= \lambda \Delta t \left(1 + (-\lambda \Delta t) + \frac{(-\lambda \Delta t)^2}{2!} + \frac{(-\lambda \Delta t)^3}{3!} + \cdots \right)$$

$$= \lambda \Delta t - (\lambda \Delta t)^2 + \frac{(\lambda \Delta t)^3}{2!} - \frac{(\lambda \Delta t)^4}{3!} + \cdots \tag{3.31}$$

となる．右辺第 2 項以降は，$\Delta t \to 0$ のとき，Δt よりも速く 0 に近づくので，

$$P(\Delta t \text{ 中に 1 呼到着する}) = \lambda \Delta t + o(\Delta t) \tag{3.32}$$

とかく．ここで，$o(\Delta t)$ は，

$$\lim_{\Delta t \to 0} \frac{o(\Delta t)}{\Delta t} = 0 \tag{3.33}$$

を満足する小さな数を表現している．

また，Δt 中に 2 呼到着する確率は，次式のようになる．

$$P(\Delta t \text{ 中に 2 呼到着する}) = P(A(s, s+\Delta t] = 2)$$

$$= \frac{(\lambda \Delta t)^2}{2!} e^{-\lambda \Delta t} = o(\Delta t) \tag{3.34}$$

同様に，$3, 4, 5, \ldots$ 呼到着する確率もそれぞれ $o(\Delta t)$ となるので，

$$P(\Delta t \text{ 中に複数呼到着する}) = o(\Delta t) \tag{3.35}$$

となる．

以上，ポアソン到着の性質をまとめると次のようになる．

> **独立性** 重なり合わない任意の 2 期間の各到着呼数は互いに独立である
> **定常性** 期間長 Δt の十分短い期間中に 1 呼到着する確率は $\lambda \Delta t + o(\Delta t)$ であり，期間開始時刻に依存しない
> **希少性** 期間長 Δt の十分短い期間中に複数呼到着する確率は $o(\Delta t)$ である

ここでは，任意の期間の到着呼数がポアソン分布に従うことから，これらの 3 性質を導き出した．これとは逆に，3 性質から，任意の期間の到着呼数がポアソン分布に従うことを示すこともできる．

次に，呼の到着間隔について考えよう．時刻 0 に呼が到着したとする．期間 $(0, t]$ で次の到着がなければ，このときの到着間隔は t よりも大きくなるので，その確率は

$P(A(0, t] = 0 \mid$ 時刻 0 に呼が到着$)$ となる．ここで，ポアソン到着の独立性より，時刻 0 より後の到着は，それ以前の到着に依存しないので，

$$P(A(0, t] = 0 \mid \text{時刻 } 0 \text{ に呼が到着}) = P(A(0, t] = 0) = e^{-\lambda t} \qquad (3.36)$$

となる．すべての到着呼についてこのことが成り立つので，呼の到着間隔 I が t より大きくなる確率は次式のようになる．

$$P(I > t) = P(A(0, t] = 0) = e^{-\lambda t} \qquad (3.37)$$

したがって，ポアソン到着する呼の到着間隔 I は，到着率 λ をパラメータとする指数分布に従う．逆に，到着間隔が指数分布に従うならば，それがポアソン到着であることを示すこともできる．したがって，ポアソン到着，上述の 3 性質，指数到着間隔は同値である．

> **例 3.3（ポアソン到着）**
> 1 時間あたり 6 呼が到着したとする．単位時間を 1 分とすると，このときの到着率 λ は，
>
> $$\lambda = \frac{6}{60} = 0.1 \, [\text{呼/分}]$$
>
> である．10 分間に 2 呼到着する確率 $P(A(0, 10] = 2)$ は，式 (3.26) より，
>
> $$P(A(0, 10] = 2) = \frac{(0.1 \times 10)^2}{2!} e^{-0.1 \times 10} = \frac{e^{-1}}{2} \simeq 0.184$$
>
> となる．また，到着間隔 I が 20 分より大きくなる確率 $P(I > 20)$ は，式 (3.37) より，
>
> $$P(I > 20) = e^{-0.1 \times 20} = e^{-2} \simeq 0.135$$
>
> となる．

3.5 指数サービス

本節では，保留時間の分布について検討する．

まず，利用率 $\eta = 1$ の出線を仮定する．すると，この出線は絶えず保留されていて，ある呼が終了すると，ただちに次の呼が到着する．図 3.12 に示すように，保留中の呼の終了がランダムに起こると考えると，前節と同様の議論により，終了率を μ として，

$$P(\text{保留中の呼が } \Delta t \text{ 中に終了する}) = \mu \Delta t + o(\Delta t) \qquad (3.38)$$

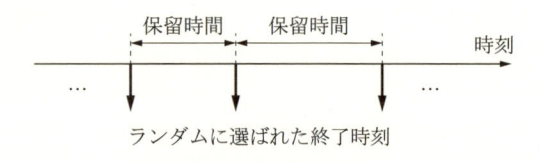

図 3.12　呼のランダムな終了

となる．そして，終了時刻の間隔（この場合は保留時間に等しい）はパラメータ μ の指数分布に従う．このように，サービス時間（保留時間）が指数分布に従う処理を**指数サービス**（exponential service）という．

3.6　無記憶性

本章の最後に，指数分布がもつ重要な性質である無記憶性について説明しておこう．

図 3.13 に示すような到着呼の観測を考える．A さんはある呼が到着した直後から観測を開始した．呼の到着間隔を I とすると，観測開始から t 経過しても A さんが次の呼の到着を見られない確率は，

$$P(I > t) = e^{-\lambda t} \tag{3.39}$$

である．一方，B さんは A さんより s 遅れて観測を開始した．B さんの観測開始から次の呼が到着するまでの残り時間を R とする．B さんが観測を始めた時点では，次の呼はまだ到着していなかったとすると，観測開始から t 経過しても B さんが次の呼の到着を見られない確率は，

$$P(R > t) = P(I > s + t \mid I > s)$$

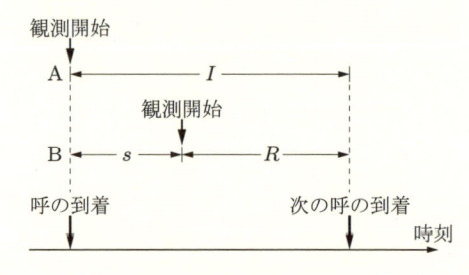

図 3.13　到着呼の観測

$$= \frac{P(I>s+t, I>s)}{P(I>s)} = \frac{P(I>s+t)}{P(I>s)} = \frac{e^{-\lambda(s+t)}}{e^{-\lambda s}}$$
$$= e^{-\lambda t} \tag{3.40}$$

となる．式 (3.39), (3.40) より, s 経過後の残り時間 R の分布は，元の到着間隔 I の分布に等しいことがわかる．

式 (3.39), (3.40) より得られる

$$P(I > s+t \mid I > s) = P(I > t) \tag{3.41}$$

のような性質を**無記憶性**（memoryless property）という．連続型分布で無記憶性をもつのは，指数分布だけである（付録 C 参照）．

演習問題

3.1 到着率 λ のポアソン到着に関する以下の問いに答えよ．
(1) 期間 $(0, s]$ 中に 1 呼到着する確率を求めよ．
(2) 期間 $(s, t]$ 中に呼が到着しない確率を求めよ．
(3) 期間 $(0, t]$ 中に 1 呼到着したという条件の下で，その呼の到着時刻が $s\,(0 < s \le t)$ 以前となる確率を求めよ．

3.2 到着率 λ でポアソン到着している呼について，k 呼の到着に要する時間はどのような分布に従うか．

3.3 微小時間中に呼が到着する確率を p とすると，N 個の微小時間中に到着する呼数 X は，試行回数 N，成功確率 p の二項分布に従う．ここで，N がパラメータ λ のポアソン分布に従うとすると，このときの X はどのような分布に従うか．

第4章 待ち行列システム

前章で説明した交換線群を解析するための理論は，現在では，待ち行列理論として体系化されている．これは文字どおりサービス窓口前に発生する待ち行列を抽象化した理論であり，その適用範囲はきわめて広く，さまざまな対象に応用されている．本章では，待ち行列の生成に関連する要素を整理し，それを確率モデルとみなす考え方を紹介する．そして，その確率モデルを解析することによって得られる評価測度について述べる．

4.1 構成要素と用語

切符の販売窓口などのように，何らかの処理を受けるために行列に並んで順番を待つことは日常茶飯事である．このような行列を確率モデルとしてとらえ，待ち時間等を求めるための理論が待ち行列理論である．まずは用語の定義から始めよう．

販売窓口やレジなどのように，**客**（customer）に対してサービスを提供する施設を**サーバ**（server）という．到着した客は，サーバがあいていればただちにサービスを受けられるが，あいていなければ**待ち行列**（queue）に並んで，自分の番が来るのを待つ．このような待ち行列の生成に関連するすべての要素（具体的には，サーバ，サービスを受けている客，待ち行列，到着する可能性のある客）をまとめて，**待ち行列システム**（queueing system）という．図 4.1 に待ち行列システムの概念図を示す．本書では，説明の都合上，とくに断らない限り，到着する可能性のある客を除いたもの，すなわち，サーバ，サービスを受けている客，待ち行列の 3 要素で構成されているものを待ち行列システム，または単にシステムということにする．

客はある分布に従った時間間隔でシステムに**到着**する（arrive）．この間隔を**到着間隔**（inter-arrival time）という．また，単位時間あたりの到着人数を**到着率**（arrival rate）という．一度に到着する人数は単数あるいは複数であるが，複数の場合にはその数は何らかの分布に従っているものとする．

待ち行列に並んでいる人数を**待ち行列長**（queue length）という．したがって，待

4.1 構成要素と用語

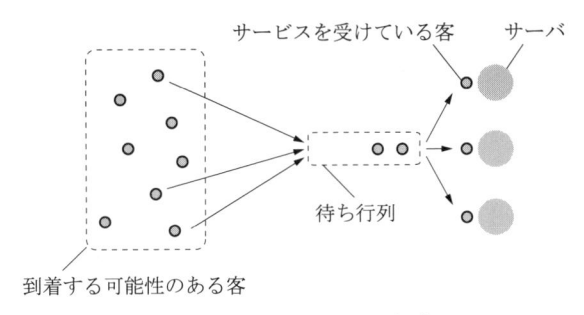

図 4.1 待ち行列システムの概念図

ち行列長とサービスを受けている人数の和が**システム内人数**（number of customers in system）となる．システム内人数の上限をそのシステムの**容量**（capacity）という．容量が有限のシステムでは，ある客が到着した時点でシステム内人数が容量に達していれば，その客は待ち行列に並ぶことを許されない．このように，システムが到着客の受入れを拒否することを，その客を**棄却**する（reject）という．棄却された客は，ただちに消滅するものとする．これに対して，容量が無限大のシステムでは，到着客が棄却されることはない．

サーバは，たとえば先着順などの**サービス規律**（service discipline）に基づいて，ある分布に従った時間を費やして客をサービスする．1人の客をサービスするのに要する時間を**サービス時間**（service time）という．また，1台のサーバが単位時間あたりにサービスすることのできる人数を**サービス率**（service rate）という．サービスが終了した客は，ただちにこのシステムから**退去**し（depart），消滅するものとする．なお，棄却や退去によって客が1人消滅したときは，ただちに到着する可能性のある客が1人増加することとする．

ある客がシステムに到着してからそのシステムを退去するまでに経過する時間を**システム時間**（system time）という．また，ある客が待ち行列で待っていた時間を**待ち時間**（waiting time）という．したがって，待ち時間とサービス時間の和がシステム時間となる．

以上，待ち行列システムの構成とそこで使われる用語を列挙したが，到着する可能性のある客を含めて待ち行列システムを規定するのは，以下の6項目である．

(1) 到着間隔分布（集団到着の場合には，同時に到着する人数の分布も必要）
(2) サービス時間分布
(3) サーバ数
(4) 容量
(5) 客の全体数（システム内人数と到着する可能性のある客数の和）

(6) サービス規律

図 4.2, 4.3 に待ち行列システムを図で表す例を示す．客の流れを矢印，各サーバを円，待ち行列を長方形で表現する．ただし，容量が無限大の場合，待ち行列の長方形は到着側が開いたものとする．したがって，図 4.2 はサーバ数 2 で容量が有限のシステムである．一方，図 4.3 は単一サーバで容量が無限大のシステムである．なお，ここで述べたのは待ち行列システムを図で表現するときの慣例であり，とくに厳格な規定はない．また，図には 6 項目の一部しか盛り込まれていないため，あくまでも目安ととらえたほうがよい．

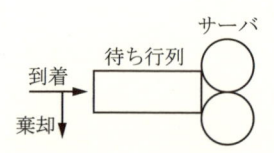

図 4.2 サーバ数 2 で容量有限のシステム 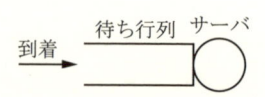　　**図 4.3** 単一サーバで容量無限大のシステム

例 4.1（交換線群との対応）

待ち行列システムと 3.2 節の交換線群との対応について考えよう．

交換線群に到着した呼は，あいている出線の一つを保留する．このことを待ち行列システムに対応付けると，呼が客，出線がサーバとなる．そして，保留時間がサービス時間である．

待時式では，出線がすべて塞がっているときに到着した呼は出線があくまで待たされるので，待ち呼の待機場所が待ち行列となる．図 4.4 に待時式交換線群に対応する待ち行列システムを示す．ここで，サーバ数は出線数に等しい．なお，図 4.4 のシステムは容量有限なので，待ち行列が一杯のときの到着客は棄却される．すなわち，待機場所が塞がっているときの到着呼は損失呼となる．

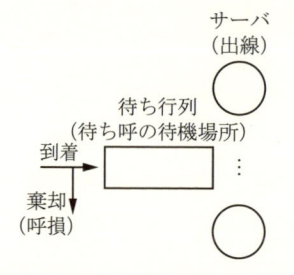

図 4.4 待時式交換線群に対応する待ち行列システム 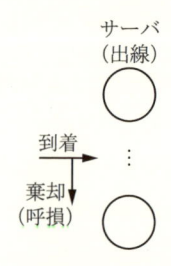　　**図 4.5** 即時式交換線群に対応する待ち行列システム

一方，即時式では待機場所がないので，出線全塞がりのときの到着呼は損失呼となる．そのため，図 4.5 に示すように，サーバ数が出線数に等しく，待ち行列のないシステム，すなわち，容量がサーバ数に等しいシステムとなる．

4.2 ケンドールの表記

待ち行列システムを表す場合，前節であげた 6 項目を / で区切って並べる**ケンドールの表記**（Kendall's notation）が用いられる．

(1), (2) については分布ごとに略号が定められている．主なものを表 4.1 に示す．

表 4.1 分布の略号

略号	分布
D	単位分布
E_k	k 次のアーラン分布
G	一般的な分布
H_k	k 次の超指数分布
M	指数分布
U	一様分布

単位分布（付録 D 参照）は確率変数の値が確定的である（deterministic）ため，略号には D が用いられている．

k 次のアーラン分布と超指数分布は，たとえば，各々のサービス時間分布が指数分布である k 個のサーバをそれぞれ直列，並列に接続した場合のサービス時間分布である（付録 D 参照）．

一般的な分布（general distribution）では，具体的な分布名を指定しない．そのため，評価測度（4.3 節参照）の表現式は，分布関数などの関数を含んだものとなる（9.3 節参照）．

指数分布の略号は M であるが，その由来には無記憶性（memoryless property）とマルコフ性（Markov property）の二つの説がある．(1) と (2) がいずれも M である場合は，各時刻におけるシステム内人数がマルコフ連鎖（第 5 章参照）となるため，このような待ち行列システムをとくに**マルコフモデル**（Markov model）という．

(3)〜(5) については，数値または変数として使われている記号を記述する．なお，(4) と (5) については無限大（∞）の場合，記述を省略する．

(6) にはサービス規律の略称を記述する．主なものを表 4.2 に示す．ほとんどのシステムは先着順でサービスするため，FCFS の場合は記述を省略する．

後着順サービスである LCFS の具体例は，計算機のデータ構造の一種であるスタッ

表 4.2　サービス規律の略称

FCFS (First-Come First-Serve)	先着順
LCFS (Last-Come First-Serve)	後着順
RR (Round-Robin)	ラウンドロビン
PS (Processor Sharing)	プロセッサシェアリング
PR (PReemptive priority)	割込型の優先処理
HOL (Head Of the Line priority)	非割込型の優先処理

ク（stack）である．スタックでは，現在のデータの上に新しいデータが積み重ねられるため，入った順の逆順でデータが取り出される．

ラウンドロビン（round-robin）とは，システム内のすべての客を対象として，固定長の短時間（スロット）ごとに巡回的にサービスする規律で，具体例は計算機内部での処理である．図 4.6 に，最初は空であったシステムに客 A，B，C，D が順次到着し，それぞれが 3 スロットずつサービスを受けて退去する例を示す．

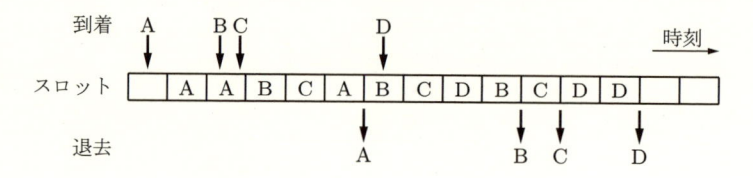

図 4.6　ラウンドロビンによるサービス

プロセッサシェアリング（processor sharing）とは，ラウンドロビンでスロット長→0 とした理論的なサービス規律である．

割込型と非割込型の優先処理については，9.3.6 項で説明する．

例 4.2（ケンドールの表記）

例 4.1 であげた待ち行列システムのケンドール表記について考える．

3.4 節で述べたように，客（呼）の到着をポアソン到着とすると，到着間隔は指数分布に従う．また，3.5 節で述べたように，サービス時間（保留時間）も指数分布に従う．さらに，サーバ数（出線数）を S とする．すると，待時式のケンドール表記は，容量（出線数と最大待ち呼数の和）を K とすると，M/M/S/K となる．一方，即時式については，容量がサーバ数に等しいので，そのケンドール表記は M/M/S/S となる．

4.3 評価測度

待ち行列システムの評価測度として，次のようなものがある．

> **待ち時間分布** 待ち行列に並んで待つ時間の分布
> **システム時間分布** 待ち時間とサービス時間の和の分布
> **スループット** 単位時間あたりにシステムを退去する人数
> **利用率** あるサーバが稼働している時間の割合
> **棄却率** 到着客が棄却される確率

ここで，分布が得られたとは，分布関数，密度関数または確率関数，およびそれら関数の積分変換（確率母関数，ラプラス変換など）のうちの少なくとも一つが得られたことをいう．また，分布の導出が困難な場合，または，分布までは要求されない場合には，平均や分散などを導出するにとどめることが多い．

ところで，待ち行列システムでは，到着間隔やサービス時間が何らかの分布に従うため，時間の経過に伴って，システム内人数が確率的に変化する．それゆえ，待ち行列システムは，その中にさまざまな確率過程を内包している．たとえば，待ち行列長やシステム内人数は連続時間確率過程である．また，到着人数や退去人数の累計は計数過程である．それらの中で，とくに重要なのが，システム内人数の過程である．システム内人数の分布から，平均待ち行列長，平均待ち時間，平均システム内人数，平均システム時間，スループット，利用率，棄却率が得られるためである．そこで，待ち行列システムの解析では，システム内人数を状態として，その確率関数の導出を目指す．

4.4 リトルの公式

前節であげた評価測度を導出するためには，次章以降で述べる解析を行う必要がある．解析の本格的な説明に入る前に，本節で，平均システム内人数と平均システム時間の間に直感的に成立する関係について紹介しておこう．

客が先着順にサービス受けているシステムを考える．図4.7に示すように，このシステムに到着した客は退去時に，自身のシステム時間内に到着した客がシステム内に残されるのを見ることになる．このことはすべての客について成り立つので，平均シ

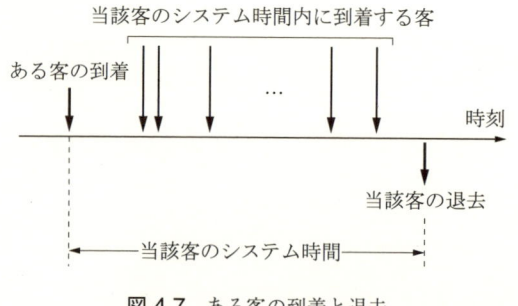

図 4.7 ある客の到着と退去

ステム内人数 $\mathcal{L}$, 到着率 λ, 平均システム時間 $\mathcal{W}$ の間に, 次式の関係が成立すると考えられる.

$$\mathcal{L} = \lambda \mathcal{W} \tag{4.1}$$

これをリトルの公式 (Little's formula) という. 上述のように, 式 (4.1) が直感的に成立することは知られていたが, 初めて証明したのがリトル (John Little) である. ここでは, 簡単のため先着順サービスを仮定したが, 任意のサービス規律において, リトルの公式が成立する.

リトルの公式の証明

まず, 到着客の棄却はないものとする. 期間 $(0, t]$ 中にシステムに到着した人数, システムを退去した人数をそれぞれ $A(0, t]$, $D(0, t]$ とする. したがって,

$$A(0, t] \geq D(0, t] \tag{4.2}$$

が常に成立する. 図 4.8 に $A(0, t]$ と $D(0, t]$ の例を示す.

n 番目に退去した客 (n 番目に到着した客と同一人物でなくてもよい) のシステム時間を W_n とすると, 時刻 t でサービス中の客の分を含んだシステム時間の総和は高々

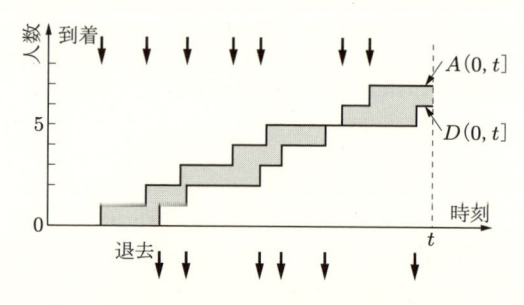

図 4.8 到着人数と退去人数の推移

$\sum_{i=1}^{A(0,t]} W_i$ である．一方，時刻 t でサービス中の客の分を除いたシステム時間の総和は $\sum_{i=1}^{D(0,t]} W_i$ である．また，時刻 t におけるシステム内人数は $A(0,t] - D(0,t]$ であるから，図 4.8 の色のついた部分の面積 $\int_0^t (A(0,u] - D(0,u])\, \mathrm{d}u$ は，時刻 t でサービス中の客についてはそこで打ち切った場合のシステム時間の総和である．したがって，次の不等式が成立する．

$$\sum_{i=1}^{D(0,t]} W_i \le \int_0^t (A(0,u] - D(0,u])\, \mathrm{d}u \le \sum_{i=1}^{A(0,t]} W_i \tag{4.3}$$

各辺を t で割ると，次式のようになる．

$$\frac{1}{t}\sum_{i=1}^{D(0,t]} W_i \le \frac{1}{t}\int_0^t (A(0,u] - D(0,u])\, \mathrm{d}u \le \frac{1}{t}\sum_{i=1}^{A(0,t]} W_i \tag{4.4}$$

ここで，

$$\frac{D(0,t]}{t}\frac{1}{D(0,t]}\sum_{i=1}^{D(0,t]} W_i$$

$$\le \frac{1}{t}\int_0^t (A(0,u] - D(0,u])\, \mathrm{d}u \le \frac{A(0,t]}{t}\frac{1}{A(0,t]}\sum_{i=1}^{A(0,t]} W_i \tag{4.5}$$

と変形して，$t \to \infty$ とすると，中辺は平均システム内人数 $\mathcal{L}$ を表しているので，

$$\lim_{t\to\infty}\frac{D(0,t]}{t}\frac{1}{D(0,t]}\sum_{i=1}^{D(0,t]} W_i \le \mathcal{L} \le \lim_{t\to\infty}\frac{A(0,t]}{t}\frac{1}{A(0,t]}\sum_{i=1}^{A(0,t]} W_i \tag{4.6}$$

となる．客の棄却はなく，t が十分大きいとすると，t に比べて $A(0,t]$ と $D(0,t]$ の差は十分小さくなるから，

$$\lim_{t\to\infty}\frac{A(0,t]}{t} = \lim_{t\to\infty}\frac{D(0,t]}{t} = \lambda \tag{4.7}$$

および

$$\lim_{t\to\infty} \frac{1}{A(0,t]} \sum_{i=1}^{A(0,t]} W_i = \lim_{t\to\infty} \frac{1}{D(0,t]} \sum_{i=1}^{D(0,t]} W_i = \mathcal{W} \tag{4.8}$$

とみなしてよい．したがって，はさみうちの原理より，次式が成立する．

$$\mathcal{L} = \lambda \mathcal{W}$$

証明終

証明中では，到着間隔分布，サービス時間分布，サーバ数およびサービス規律については，とくに限定していないことに注目してほしい．ただし，棄却されずシステム内に入ることを許された客についての議論となっている．したがって，リトルの公式は，容量が無限大の一般的な $G/G/S$ 待ち行列システムに適用することができる．

さて，システム内人数は待ち行列長とサービスを受けている人数の和であるから，平均待ち行列長を $\mathcal{L}_\mathrm{q}$，サービスを受けている人数の期待値，すなわち，運ばれる呼量を a_c とすると，

$$\mathcal{L} = \mathcal{L}_\mathrm{q} + a_\mathrm{c} \tag{4.9}$$

である．また，システム時間は待ち時間とサービス時間の和であるから，平均待ち時間を $\mathcal{W}_\mathrm{q}$，平均サービス時間を h とすると，

$$\mathcal{W} = \mathcal{W}_\mathrm{q} + h \tag{4.10}$$

である．両辺に λ を掛けると，次式が得られる．

$$\mathcal{L} = \lambda \mathcal{W}_\mathrm{q} + \lambda h \tag{4.11}$$

ここでは，到着客の棄却がないシステムを考えているので，式 (3.13)，(3.20) より，

$$a_\mathrm{c}|_{B=0} = a = \lambda h \tag{4.12}$$

となるから，式 (4.11) の右辺第 2 項は，サービスを受けている人数の期待値を表している．したがって，式 (4.11) の右辺第 1 項は，平均待ち行列長 $\mathcal{L}_\mathrm{q}$ を表していることになるので，次式が成り立つ．

$$\mathcal{L}_\mathrm{q} = \lambda \mathcal{W}_\mathrm{q} \tag{4.13}$$

式 (4.12)，(4.13) は，それぞれサーバの部分，待ち行列の部分のみにも式 (4.1) と同様の関係が成立することを示している．なお，式 (4.13) もリトルの公式という．

例 4.3（リトルの公式）

到着客が一列待ちする切符販売窓口を考える．10 分あたり 12 人の客が到着するとすると，到着率 λ は

$$\lambda = \frac{12}{10} = 1.2\,[\text{人}/\text{分}]$$

となる．平均待ち行列長 $\mathcal{L}_q = 10.2\,[\text{人}]$ とすると，平均待ち時間 $\mathcal{W}_q$ は，

$$\mathcal{W}_q = \frac{\mathcal{L}_q}{\lambda} = \frac{10.2}{1.2} = 8.5\,[\text{分}]$$

となる．平均サービス時間 $h = 4\,[\text{分}]$ とすると，

$$a = \lambda h = 1.2 \times 4 = 4.8\,[\text{erl}]$$

となるので，塞がっている窓口数の平均は 4.8 となる．

前述のように，リトルの公式は，棄却されずシステム内に入ることを許された客についての議論である．したがって，あらかじめ棄却分を差し引いておけば，容量有限のシステムであっても成立する．すなわち，棄却率を B とすると，

$$\mathcal{L} = \lambda(1-B)\mathcal{W} \tag{4.14}$$

$$\mathcal{L}_q = \lambda(1-B)\mathcal{W}_q \tag{4.15}$$

が成立する．ただし，この場合の平均システム時間 $\mathcal{W}$ および平均待ち時間 $\mathcal{W}_q$ は，容量有限のシステムにおいて到着客が収容されるという条件の下での値となる（8.2.5 項参照）．

第5章 マルコフ連鎖

前章で述べた待ち行列システムの中のマルコフモデル，すなわち，到着間隔とサービス時間の分布がいずれも指数分布に従うモデルは，確率過程の一種であるマルコフ連鎖と深く関わっている．そこで，本章では，マルコフ連鎖の解析について説明する．解析の目的は任意の時刻における状態分布を導出することであるが，それが困難な場合は十分長い時間が経過した後の状態分布を求めることになる．以下，感覚的にとらえやすい離散時間系のマルコフ連鎖から入って，連続時間系へと話を進める．

5.1 離散時間マルコフ連鎖

将来の状態遷移が，過去の状態履歴に依存せず，現在の状態にのみ依存する確率過程を**マルコフ過程**（Markov process）という．状態が離散型のマルコフ過程をとくに**マルコフ連鎖**（Markov chain）という．本節では，時刻が離散型のマルコフ連鎖について考える．なお，時刻が連続型のものについては次節で検討する．

5.1.1 状態の遷移

状態空間が非負の整数である離散時間確率過程 $\{X(n)\}$ を考える．ここで，離散型の時刻とは，たとえば図 2.16 のように客の到着時刻を並べたものであるから，各時刻の間隔が一定であるとは限らない．そこで，便宜上，時刻を非負の整数で番号付けして，$n = 0, 1, 2, \ldots$ とする．図 5.1 に状態遷移の例を示す．

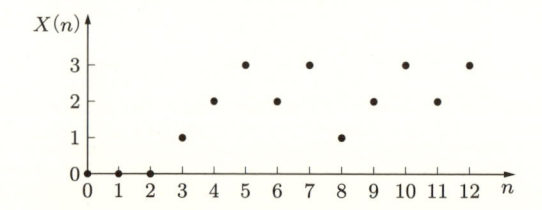

図 5.1 離散時間マルコフ連鎖における状態遷移

時刻 $0, 1, 2, \ldots, n$ において $i_0, i_1, i_2, \ldots, i_n$ と推移してきた状態が次の時刻 $n+1$ で j に遷移する確率は，$P(X(n+1) = j \mid X(0) = i_0, X(1) = i_1, \ldots, X(n) = i_n)$ である．このような状態遷移の確率が，過去の履歴に依存せず，現在の状態にのみ依存すると仮定すると，次式が成立する．

$$P(X(n+1) = j \mid X(0) = i_0, X(1) = i_1, \ldots, X(n) = i_n)$$
$$= P(X(n+1) = j \mid X(n) = i_n) \tag{5.1}$$

この性質を**マルコフ性**（Markov property）という．

離散時間確率過程 $\{X(n); n = 0, 1, 2, \ldots\}$ において，あらゆる $i_0, i_1, \ldots, i_n, j, n$ について，式 (5.1) が成り立つとき，この確率過程を**離散時間マルコフ連鎖**（discrete-time Markov chain）という．とくに，状態遷移の確率が時刻に依存しないとき，すなわち，あらゆる i, j, n について

$$P(X(n+1) = j \mid X(n) = i) = P(X(1) = j \mid X(0) = i) \tag{5.2}$$

が成り立つとき，この過程は**定常**な（stationary）遷移をもつという．本書では定常な遷移のみを扱い，式 (5.2) を $p_{i,j}$ と表記する．すなわち，

$$P(X(1) = j \mid X(0) = i) = p_{i,j} \tag{5.3}$$

とする．$p_{i,j}$ を状態 i から状態 j への**遷移確率**（transition probability）という．

ここで，図 5.2 に示すような有向グラフによる状態遷移の表現法を紹介しておこう．この有向グラフを**状態遷移図**（state transition diagram）という．図において，○が状態で，有向枝のラベルが遷移確率である．ただし，図が煩雑になることを避けるため，遷移確率が 0 の場合には，その有向枝を表示しない．したがって，図 5.2 は

$$\begin{array}{llll}
p_{0,0} = 1 - \alpha, & p_{0,1} = \alpha, & p_{0,2} = 0, & p_{0,3} = 0 \\
p_{1,0} = 0, & p_{1,1} = 0, & p_{1,2} = 1, & p_{1,3} = 0 \\
p_{2,0} = 0, & p_{2,1} = 0, & p_{2,2} = 0, & p_{2,3} = 1 \\
p_{3,0} = 0, & p_{3,1} = \beta, & p_{3,2} = 1 - \beta, & p_{3,3} = 0
\end{array}$$

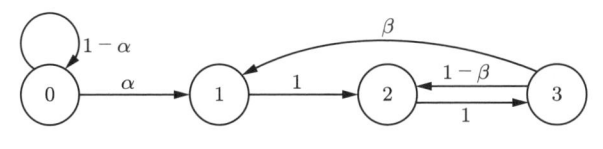

図 5.2 状態遷移図

であることを表している．実は，図 5.1 に示した状態遷移は，図 5.2 に基づいた状態遷移の例であった．

確率過程では，開始時刻における状態（本章では $X(0)$）を**初期状態**（initial state）という．初期状態が i_0 で，その後 $i_1, i_2, \ldots, i_n$ と推移したとすると，その確率は

$$P(X(0) = i_0, X(1) = i_1, \ldots, X(n) = i_n)$$
$$= P(X(0) = i_0, X(1) = i_1, \ldots, X(n-1) = i_{n-1})$$
$$\times \frac{P(X(0) = i_0, X(1) = i_1, \ldots, X(n) = i_n)}{P(X(0) = i_0, X(1) = i_1, \ldots, X(n-1) = i_{n-1})}$$
$$= P(X(0) = i_0, X(1) = i_1, \ldots, X(n-1) = i_{n-1})$$
$$\times P(X(n) = i_n \mid X(0) = i_0, X(1) = X_1, \ldots, X(n-1) = i_{n-1}) \quad (5.4)$$

である．式 (5.1) を利用して，式変形を続けると，

$$P(X(0) = i_0, X(1) = i_1, \ldots, X(n) = i_n)$$
$$= P(X(0) = i_0, X(1) = i_1, \ldots, X(n-1) = i_{n-1})$$
$$\times P(X(n) = i_n \mid X(n-1) = i_{n-1})$$
$$= P(X(0) = i_0, X(1) = i_1, \ldots, X(n-1) = i_{n-1}) p_{i_{n-1}, i_n} \quad (5.5)$$

となる．この操作を繰り返すと，次式が得られる．

$$P(X(0) = i_0, X(1) = i_1, \ldots, X(n) = i_n)$$
$$= P(X(0) = i_0) p_{i_0, i_1} p_{i_1, i_2} \cdots p_{i_{n-1}, i_n} \quad (5.6)$$

これより，初期状態の確率と遷移確率によって離散時間マルコフ連鎖が規定されることがわかる．

また，状態が i に遷移してから他の状態に遷移するまでに要する時間（離散時間の場合はステップ数）を S_i とすると，

$$P(S_i \leq k) = \sum_{m=0}^{k-1} p_{i,i}^m (1 - p_{i,i}) \quad (k = 1, 2, 3, \ldots) \quad (5.7)$$

となるので，S_i は幾何分布に従う．S_i を状態 i の**滞在時間**（sojourn time）という．

5.1.2 任意の時刻における状態分布

2.10 節で述べたように，各時刻において状態は確率分布をもっている．そこで，本

項では，開始時刻における状態分布（**初期分布**（initial distribution）という）と各遷移確率 $p_{i,j}$ $(i,j = 0, 1, 2, \ldots)$ が与えられた場合に，それ以降の任意の時刻における状態分布について検討する．

まず，時刻 n における状態 $X(n)$ が j である確率を $\pi_j(n)$ と表記する．すなわち，

$$P(X(n) = j) = \pi_j(n) \tag{5.8}$$

とかく．したがって，$\pi_j(n)$ を関数で表現することができれば，それが $X(n)$ の確率関数である．$\pi_j(n)$ を第 j 成分にもつ行ベクトルを $\boldsymbol{\pi}(n)$，すなわち，

$$[\,\pi_0(n), \pi_1(n), \pi_2(n), \ldots\,] = \boldsymbol{\pi}(n) \tag{5.9}$$

とすると，これは時刻 n における状態分布を表している．

遷移確率についても行列で表現してみよう．まず，時刻 0 で i であった状態が時刻 n で j になる[*1]確率を $p_{i,j}(n)$ と表記する．すなわち，

$$P(X(n) = j \mid X(0) = i) = p_{i,j}(n) \tag{5.10}$$

とする．$p_{i,j}(n)$ を状態 i から状態 j への n **ステップ遷移確率**という．式 (5.10) において，$n=1$ のときは式 (5.3) と等価となる．そこで，$n=1$ のときは (1) を省略して $p_{i,j}$ と表記し，単に遷移確率という．なお，前項で述べたように，定常な遷移を仮定しているので，あらゆる i, j, m, n について，次式が成り立つ．

$$P(X(m+n) = j \mid X(m) = i) = P(X(n) = j \mid X(0) = i) \tag{5.11}$$

状態 i から状態 j への n ステップ遷移確率 $p_{i,j}(n)$ を第 (i,j) 成分とする行列を $\boldsymbol{P}(n)$ と表記する．すなわち，

$$\begin{bmatrix} p_{0,0}(n) & p_{0,1}(n) & p_{0,2}(n) & \cdots \\ p_{1,0}(n) & p_{1,1}(n) & p_{1,2}(n) & \cdots \\ p_{2,0}(n) & p_{2,1}(n) & p_{2,2}(n) & \cdots \\ \vdots & \vdots & \vdots & \ddots \end{bmatrix} = \boldsymbol{P}(n) \tag{5.12}$$

とする．$\boldsymbol{P}(n)$ を n **ステップ遷移確率行列**（transition probability matrix）という．なお，時間が経過しなければ状態遷移が起こらないので，便宜上，

$$\boldsymbol{P}(0) = \boldsymbol{I} \tag{5.13}$$

[*1] 途中の状態，すなわち，時刻 $1, 2, 3, \ldots, n-1$ における状態は，何でもよい．

とする．ただし，I は単位行列である．また，$n=1$ のときは (1) を省略して P とかき，単に遷移確率行列という．たとえば，図 5.2 の状態遷移図を行列で表現すると，

$$P = \begin{bmatrix} 1-\alpha & \alpha & 0 & 0 \\ 0 & 0 & 1 & 0 \\ 0 & 0 & 0 & 1 \\ 0 & \beta & 1-\beta & 0 \end{bmatrix}$$

となる．

n ステップ遷移確率行列 $P(n)$ の各成分は確率であるから，すべての i, j について，

$$0 \leq p_{i,j}(n) \leq 1 \tag{5.14}$$

となる．また，いずれの状態も n 経過後には必ずどこかの状態に遷移するので，すべての i について，

$$\sum_j p_{i,j}(n) = 1 \tag{5.15}$$

が成り立つ．したがって，$P(n)$ で行ごとに成分の総和をとると，すべての行で必ず 1 となる．

さて，初期状態から n ステップの遷移を経て状態 j に至るとすると，

$$\pi_j(n) = \sum_i \pi_i(0) p_{i,j}(n) \tag{5.16}$$

となる．これを行列で表現すると次式のようになる．

$$\boldsymbol{\pi}(n) = \boldsymbol{\pi}(0) \boldsymbol{P}(n) \tag{5.17}$$

$P(n)$ の第 (i,j) 成分 $p_{i,j}(n)$ は，式 (5.10) のように定義されるので，

$$p_{i,j}(n) = P(X(n) = j \mid X(0) = i) = \frac{P(X(0) = i, X(n) = j)}{P(X(0) = i)} \tag{5.18}$$

である．これは，式 (5.6) の両辺を $P(X(0) = i)$ で割り，$i_1, i_2, \ldots, i_{n-1}$ について総和をとることにより得られる

$$\sum_{i_1} \sum_{i_2} \cdots \sum_{i_{n-1}} \frac{P(X(0) = i_0, X(1) = i_1, \ldots, X(n) = i_n)}{P(X(0) = i_0)}$$

$$= \sum_{i_1}\sum_{i_2}\cdots\sum_{i_{n-1}} p_{i_0,i_1}p_{i_1,i_2}\cdots p_{i_{n-1},i_n} \tag{5.19}$$

と等価である．したがって，

$$p_{i,j}(n) = \sum_{i_1}\sum_{i_2}\cdots\sum_{i_{n-1}} p_{i,i_1}p_{i_1,i_2}\cdots p_{i_{n-1},j} \tag{5.20}$$

である．これを行列で表現すると，

$$\boldsymbol{P}(n) = \boldsymbol{P}^n \tag{5.21}$$

となるので，式 (5.17), (5.21) より，次式を得る．

$$\boldsymbol{\pi}(n) = \boldsymbol{\pi}(0)\boldsymbol{P}^n \tag{5.22}$$

これより，初期分布 $\boldsymbol{\pi}(0)$ と遷移確率行列 $\boldsymbol{P}$ が与えられたときに，任意の時刻 n における状態分布 $\boldsymbol{\pi}(n)$ を求める問題は，$\boldsymbol{P}^n$ を求める問題に帰着することがわかる．

以下に，式 (5.21) を得るもう一つの方法を示そう．状態 i が m 経過後に状態 k になり，さらに n 経過後に状態 j になったとする．マルコフ性により，あらゆる i, k, j, m, n について，次式が成り立つ（付録 E 参照）．

$$p_{i,j}(m+n) = \sum_k p_{i,k}(m)p_{k,j}(n) \tag{5.23}$$

行列による表現は，次式のとおりである．

$$\boldsymbol{P}(m+n) = \boldsymbol{P}(m)\boldsymbol{P}(n) \tag{5.24}$$

式 (5.23) または (5.24) をチャップマン–コルモゴロフの方程式（Chapman–Kolmogorov equation）という．この方程式において，遷移先の 1 ステップ前の状態を中継点としたもの，すなわち，式 (5.24) で $n=1$ とおいた

$$\boldsymbol{P}(m+1) = \boldsymbol{P}(m)\boldsymbol{P} \tag{5.25}$$

をコルモゴロフの前進方程式（Kolmogorov's forward equation）といい，遷移元の 1 ステップ後の状態を中継点としたもの，すなわち，$m=1$ とおいた

$$\boldsymbol{P}(n+1) = \boldsymbol{P}\boldsymbol{P}(n) \tag{5.26}$$

をコルモゴロフの後退方程式（Kolmogorov's backward equation）という．式 (5.25) あるいは式 (5.26) を再帰的に適用することにより，式 (5.21) が得られる．

例 5.1（状態確率の推移）

図 5.2 の離散時間マルコフ連鎖において，$\alpha = 0.7, \beta = 0.5$，初期分布 $\boldsymbol{\pi}(0) = [\,0.15, 0.05, 0.5, 0.3\,]$ とすると，各状態確率の推移は図 5.3 のようになる．

図より，各状態確率が収束しているように見える．このように，状態分布が収束するのであれば，収束した状態分布を使って，時刻に依存しない評価測度を算出することもできる．

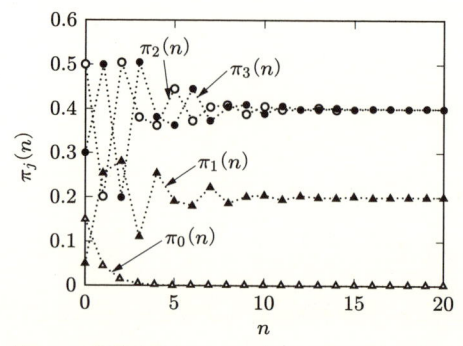

図 5.3 図 5.2 の離散時間マルコフ連鎖における各状態確率の推移

例 5.1 によると，時間の経過により状態分布が収束する可能性がある．そこで，収束の条件と収束値の求め方について説明するが，その前に準備として，次項で状態の分類について述べる．

5.1.3 状態の分類

あるステップ数で状態 i から j に遷移することができるならば，状態 i から j へは**到達可能である**（reachable）といい，$i \to j$ と表記する．$i \to j$ かつ $j \to i$ であれば，状態 i と j は相互に到達可能であるといい，$i \leftrightarrow j$ と表記する．相互に到達可能な状態間では次のような三つの法則が成り立つ．

反射法則	$i \leftrightarrow i$
対称法則	$i \leftrightarrow j$ ならば，$j \leftrightarrow i$
推移法則	$i \leftrightarrow j$ および $j \leftrightarrow k$ ならば，$i \leftrightarrow k$

相互に到達可能な状態の集合を**同値類**（equivalence class）という．あるマルコフ連鎖が一つの同値類で構成されているならば，このマルコフ連鎖は**既約である**（irreducible）という．

例 5.2（同値類）

図 5.2 の離散時間マルコフ連鎖では，$0 \to 1$ であるが，状態 1 から 0 へは到達不可能である．また，状態 1, 2, 3 は相互に到達可能である．したがって，同値類は $\{0\}$, $\{1,2,3\}$ となる．このマルコフ連鎖は二つの同値類をもつので，既約ではない．

状態 i を出発して，n ステップの遷移で初めて状態 j に到達するのに要する時間（離散時間の場合はステップ数）$T_{i,j}$ を状態 i から j への**初到達時間**（first passage time）という．ここで，

$$P(T_{i,j} = n) = f_{i,j}(n) \tag{5.27}$$

と表記すると，$\sum_{n=1}^{\infty} f_{i,i}(n)$ は，将来少なくとも 1 回は状態 i に復帰する確率を表している．$\sum_{n=1}^{\infty} f_{i,i}(n) < 1$ であれば，状態 i は**過渡的**である（transient）という．これに対して，$\sum_{n=1}^{\infty} f_{i,i}(n) = 1$ であれば，状態 i は**再帰的**である（recurrent）という．再帰的な場合は，復帰に要するステップ数の期待値

$$E[T_{i,i}] = \sum_{n=1}^{\infty} n f_{i,i}(n) \tag{5.28}$$

により，さらに次の二つに分類される．$E[T_{i,i}] < \infty$ であれば，状態 i は**正再帰的**である（positive recurrent）という．一方，$E[T_{i,i}] = \infty$ であれば，状態 i は**零再帰的**である（null recurrent）という．過渡的，正再帰的，零再帰的に関して，同じ同値類に属する状態は同じ性質をもつ．

状態数有限のマルコフ連鎖には必ず再帰的な状態が存在し，それらの再帰的な状態は，すべて正再帰的であることが知られている．したがって，状態数有限で既約なマルコフ連鎖の状態は，すべて正再帰的である．

例 5.3（過渡的，再帰的）

図 5.2 の離散時間マルコフ連鎖では，各 $f_{i,i}(n)$ はそれぞれ

$$f_{0,0}(n) = \begin{cases} 1 - \alpha & (n = 1) \\ 0 & (n \neq 1) \end{cases}$$

$$f_{1,1}(n) = \begin{cases} (1-\beta)^m \beta & (n = 2m+3, \quad m = 0, 1, 2, \ldots) \\ 0 & (n \neq 2m+3, \quad m = 0, 1, 2, \ldots) \end{cases}$$

$$f_{2,2}(n) = \begin{cases} 1-\beta & (n = 2) \\ \beta & (n = 3) \\ 0 & (n \neq 2, 3) \end{cases}$$

$$f_{3,3}(n) = \begin{cases} 1-\beta & (n = 2) \\ \beta & (n = 3) \\ 0 & (n \neq 2, 3) \end{cases}$$

となる．これらより，各状態について $f_{i,i}(n)$ の総和は，それぞれ

$$\sum_{n=1}^{\infty} f_{0,0}(n) = 1 - \alpha$$

$$\sum_{n=1}^{\infty} f_{1,1}(n) = \sum_{m=0}^{\infty} (1-\beta)^m \beta = 1$$

$$\sum_{n=1}^{\infty} f_{2,2}(n) = (1-\beta) + \beta = 1$$

$$\sum_{n=1}^{\infty} f_{3,3}(n) = (1-\beta) + \beta = 1$$

となる．したがって，同値類 $\{0\}$ は過渡的，同値類 $\{1, 2, 3\}$ は再帰的である．また，この例では状態数は有限なので，同値類 $\{1, 2, 3\}$ は正再帰的である．

状態 i を出発して再び状態 i に戻るまでに要するステップ数を考える．今度は途中で自身 i を経由してもかまわないとすると，それらは $p_{i,i}(n) > 0$ $(n = 1, 2, 3, \ldots)$ となるすべての n である．これらすべての n の最大公約数を状態 i の**周期**（period）という．周期が 1 の状態，1 より大きい状態をそれぞれ**非周期的**（aperiodic），**周期的である**（periodic）という．同じ同値類に属する状態は同じ周期をもつ．

例 5.4（周　期）

図 5.2 の離散時間マルコフ連鎖において，状態 1 を出発して再び状態 1 に戻るまでに要するステップ数は $3, 5, 6, 7, 9, 11, 12, 13, \ldots$ であるから，それらの最大公約数は 1 となる．したがって，状態 1 の周期は 1 であり，ゆえに状態 1 を含む同値類 $\{1, 2, 3\}$ は非周期的である．もし $\beta = 1$ であれば，同値類 $\{1, 2, 3\}$ の周期は 3 となる．

5.1.4　状態分布の収束

前項での準備が整ったところで，状態分布の収束について説明しよう．

既約で正再帰的かつ非周期的な離散時間マルコフ連鎖を**エルゴード的**である（ergodic）という．エルゴード的なマルコフ連鎖において，$\boldsymbol{P}^n$ のすべての行は，$n \to \infty$ のとき，同一の確率分布（$\boldsymbol{z}$ とする）に収束することが知られている．すなわち，

$$\lim_{n\to\infty} \boldsymbol{P}^n = \begin{bmatrix} \boldsymbol{z} \\ \boldsymbol{z} \\ \vdots \end{bmatrix} \tag{5.29}$$

である．式 (5.29) の両辺に $\boldsymbol{\pi}(0)$ を掛けると，

$$\lim_{n\to\infty} \boldsymbol{\pi}(0)\boldsymbol{P}^n = \boldsymbol{\pi}(0) \begin{bmatrix} \boldsymbol{z} \\ \boldsymbol{z} \\ \vdots \end{bmatrix} = \boldsymbol{z} \tag{5.30}$$

となる．式 (5.30) は，十分多くの遷移を重ねると，状態分布は初期分布 $\boldsymbol{\pi}(0)$ に依存しないある分布 $\boldsymbol{z}$ に収束することを示している．$\boldsymbol{z}$ を**極限分布**（limiting distribution）という．極限分布 $\boldsymbol{z}$ は，後で説明する定常分布に一致することが知られている．したがって，定常分布を $\boldsymbol{\pi} = [\,\pi_0, \pi_1, \pi_2, \dots\,]$ とすると，式 (5.29) は，

$$\lim_{n\to\infty} p_{i,j}(n) = \pi_j \tag{5.31}$$

であることを表している．

例 5.5（極限分布への収束）

図 5.2 から過渡的な状態 0 を除いた離散時間マルコフ連鎖を考える．すると，遷移確率 $\boldsymbol{P}$ は次のようになる．

$$\boldsymbol{P} = \begin{bmatrix} p_{1,1} & p_{1,2} & p_{1,3} \\ p_{2,1} & p_{2,2} & p_{2,3} \\ p_{3,1} & p_{3,2} & p_{3,3} \end{bmatrix} = \begin{bmatrix} 0 & 1 & 0 \\ 0 & 0 & 1 \\ \beta & 1-\beta & 0 \end{bmatrix}$$

このマルコフ連鎖は，既約で正再帰的である．また，例 5.4 より，非周期的である．

表 5.1 に $\beta = 0.6$，$\boldsymbol{\pi}(0) = [\,0.3, 0.5, 0.2\,]$ としたときの各時刻における状態分布を示す．

表 5.1 各時刻における状態分布

n	$\pi_1(n)$	$\pi_2(n)$	$\pi_3(n)$	n	$\pi_1(n)$	$\pi_2(n)$	$\pi_3(n)$
0	0.300000	0.500000	0.200000	30	0.230837	0.384613	0.384549
1	0.120000	0.380000	0.500000	31	0.230730	0.384657	0.384613
2	0.300000	0.320000	0.380000	32	0.230768	0.384575	0.384657
3	0.228000	0.452000	0.320000	33	0.230794	0.384631	0.384575
4	0.192000	0.356000	0.452000	34	0.230745	0.384624	0.384631
5	0.271200	0.372800	0.356000	35	0.230778	0.384597	0.384624
6	0.213600	0.413600	0.372800	36	0.230775	0.384628	0.384597
7	0.223680	0.362720	0.413600	37	0.230758	0.384613	0.384628
8	0.248160	0.389120	0.362720	38	0.230777	0.384610	0.384613
9	0.217632	0.393248	0.389120	39	0.230768	0.384622	0.384610
10	0.233472	0.373280	0.393248	40	0.230766	0.384612	0.384622
11	0.235949	0.390771	0.373280	41	0.230773	0.384615	0.384612
12	0.223968	0.385261	0.390771	42	0.230767	0.384618	0.384615
13	0.234463	0.380276	0.385261	43	0.230769	0.384613	0.384618
14	0.231156	0.388567	0.380276	44	0.230771	0.384616	0.384613
15	0.228166	0.383267	0.388567	45	0.230768	0.384616	0.384616
16	0.233140	0.383593	0.383267	46	0.230770	0.384614	0.384616
17	0.229960	0.386447	0.383593	47	0.230770	0.384616	0.384614
18	0.230156	0.383397	0.386447	48	0.230769	0.384615	0.384616
19	0.231868	0.384734	0.383397	49	0.230770	0.384615	0.384615
20	0.230038	0.385227	0.384734	50	0.230769	0.384616	0.384615
21	0.230841	0.383932	0.385227	51	0.230769	0.384615	0.384616
22	0.231136	0.384932	0.383932	52	0.230769	0.384615	0.384615
23	0.230359	0.384709	0.384932	53	0.230769	0.384616	0.384615
24	0.230959	0.384332	0.384709	54	0.230769	0.384615	0.384616
25	0.230825	0.384843	0.384332	55	0.230769	0.384615	0.384615
26	0.230599	0.384558	0.384843	56	0.230769	0.384615	0.384615
27	0.230906	0.384536	0.384558	57	0.230769	0.384615	0.384615
28	0.230735	0.384729	0.384536	58	0.230769	0.384615	0.384615
29	0.230722	0.384549	0.384729	59	0.230769	0.384615	0.384615

少し条件を緩めた既約で正再帰的なマルコフ連鎖では,

$$\lim_{n\to\infty}\frac{1}{n}\sum_{k=1}^{n}1(X(k)=i)=\frac{1}{E[T_{i,i}]}=\pi_i \tag{5.32}$$

が成り立つことが知られている. ただし, $1(A)$ は,

$$1(A) = \begin{cases} 1 & (A \text{ が成り立つ}) \\ 0 & (A \text{ が成り立たない}) \end{cases} \tag{5.33}$$

と定義された**指示関数** (indicator function) である．したがって，$\frac{1}{n}\sum_{k=1}^{n} 1(X(k)=i)$ は，n ステップ内での状態 i の相対頻度を示している．十分長い時間観測して得られた各状態の相対頻度の分布を**時間平均分布** (time averaged distribution) という[*1]．式 (5.32) は，時間平均分布が次に述べる定常分布に一致することを表している．

さらに条件を緩めて，一つの同値類とその同値類にいつかは遷移してくる複数の過渡的な状態からなる正再帰的な離散時間マルコフ連鎖では，次の二つの式

$$\boldsymbol{\pi} P = \boldsymbol{\pi} \tag{5.34}$$

$$\boldsymbol{\pi} \mathbf{1}^\mathrm{T} = 1 \tag{5.35}$$

を満足する状態分布 $\boldsymbol{\pi} = [\,\pi_0, \pi_1, \pi_2, \ldots\,]$ がただ一つ存在することが知られている．ただし，$\mathbf{1}$ はすべての成分が 1 の行ベクトルで，右肩の T は転置を表している．したがって，式 (5.35) は，状態確率の総和が 1 であることを表している．

式 (5.34) は，状態分布がいったん $\boldsymbol{\pi}$ になると，それ以後は変化しないことを表している．このように時刻に依存しない分布であることから，$\boldsymbol{\pi}$ を**定常分布** (stationary distribution) という．そして，状態分布が $\boldsymbol{\pi}$ になっているとき，そのマルコフ連鎖は**定常状態** (stationary state) にあるという．

ここで，式 (5.34) の意味をよりよく理解するために，次のような考え方を紹介する．各状態にはバケツが置かれていて，バケツの中にはその時刻の状態確率に等しい量の水が入っているとする．状態遷移が起こると，元の状態にあった水の中から遷移確率に等しい割合の水が遷移先の状態に移動すると考える．たとえば，図 5.4 に示すように，時刻 n において状態 i のバケツには，$\pi_i(n)$ の量の水が入っている．次の時刻には，この水の $p_{i,j}$ の割合の水，すなわち $\pi_i(n)p_{i,j}$ の量の水が状態 i のバケツから状態 j のバケツへ移動することになる．このように考えた場合の水の移動量を**確率フロー** (stochastic flow) という．

さて，式 (5.34) の左辺の第 j 成分は $\sum_i \pi_i p_{i,j}$ であり，これは各状態から状態 j へ流入する確率フローの総和である．また，右辺の第 j 成分は π_j であるが，遷移確率行列の行の成分の総和が 1 であることから，$\sum_l \pi_j p_{j,l}$ と考えることができ，これは状

[*1] 3.3, 4.4 節で述べた「平均」は，十分長い期間での観測に基づいているので，いずれも時間平均である．

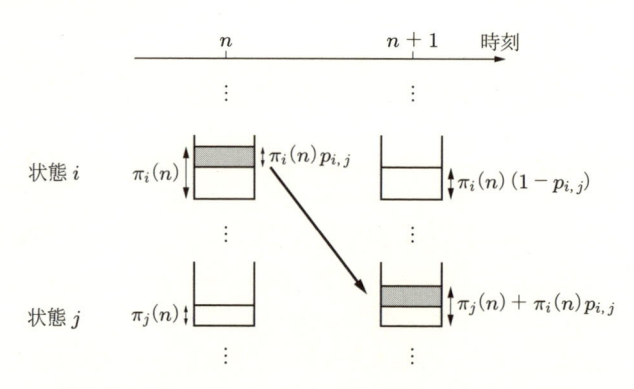

図 5.4 状態 i のバケツから状態 j のバケツへ移動する水

態 j から流出する確率フローの総和である．したがって，式 (5.34) はすべての状態について，それぞれ出入する確率フローが等しいことを表している．このことから，式 (5.34) を**大域平衡方程式**（global balance equation）という．なお，式 (5.34) のみでは線形独立ではないので，一意の解を得るためには，式 (5.35) を加えなければならないことに注意してほしい．

例 5.6（定常分布）

図 5.2 の離散時間マルコフ連鎖の大域平衡方程式は

$$[\pi_0, \pi_1, \pi_2, \pi_3] \begin{bmatrix} 1-\alpha & \alpha & 0 & 0 \\ 0 & 0 & 1 & 0 \\ 0 & 0 & 0 & 1 \\ 0 & \beta & 1-\beta & 0 \end{bmatrix} = [\pi_0, \pi_1, \pi_2, \pi_3]$$

となるので，これと

$$\pi_0 + \pi_1 + \pi_2 + \pi_3 = 1$$

を連立させて解くと，定常分布 $\boldsymbol{\pi}$ は次式のようになる．

$$\boldsymbol{\pi} = \left[0, \frac{\beta}{\beta+2}, \frac{1}{\beta+2}, \frac{1}{\beta+2} \right]$$

以上のことから，離散時間マルコフ連鎖において初期分布や時刻に依存しない状態分布を算出する場合には，適用条件に注意し，大域平衡方程式を解いて定常分布 $\boldsymbol{\pi}$ を求めればよい．

5.2 連続時間マルコフ連鎖

5.2.1 状態の遷移

状態空間が非負の整数である連続時間確率過程 $\{X(t); t \geq 0\}$ を考える．図 5.5 に状態遷移の例を示す．この図に白抜きの丸で示しているように，時刻 t で状態が i から j に遷移する場合は，微小時間を Δt とすると，

$$X(t - \Delta t) = i, \qquad X(t) = j$$

であるとする．

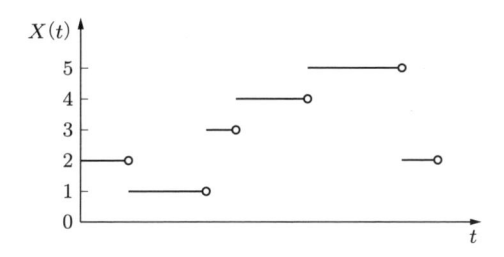

図 5.5 連続時間マルコフ連鎖における状態遷移

連続時間確率過程 $\{X(t); t \geq 0\}$ において，あらゆる $i_0, i_1, \ldots, i_n, j$ および $t_0, t_1, \ldots, t_n, t$ $(0 \leq t_0 < t_1 < \cdots < t_n < t)$ について，

$$\begin{aligned} &P(X(t) = j \mid X(t_0) = i_0, X(t_1) = i_1, \ldots, X(t_n) = i_n) \\ &= P(X(t) = j \mid X(t_n) = i_n) \end{aligned} \tag{5.36}$$

が成り立つとき，この確率過程を**連続時間マルコフ連鎖**（continuous-time Markov chain）という．式 (5.36) を，あらゆる i および $s, t \geq 0$ について，

$$P(X(s+t) = i \mid X(u), 0 \leq u \leq s) = P(X(s+t) = i \mid X(s)) \tag{5.37}$$

が成り立つと置き換えてもよい．式 (5.36), (5.37) は連続時間系におけるマルコフ性を表現している．

離散時間系の場合と同様，定常な遷移を仮定する．すなわち，あらゆる $i, j, s \, (\geq 0)$，$t \, (\geq 0)$ について，次式が成立するとする．

$$P(X(s+t) = j \mid X(s) = i) = P(X(t) = j \mid X(0) = i) \tag{5.38}$$

式 (5.38) は，任意の時刻 s における状態が i で，それより t 経過後の状態が j であ

る*¹確率を表している．これを状態 i から j への t **時間遷移確率**といい，$p_{i,j}(t)$ と表記する．すなわち，次式のように表す．

$$P(X(t) = j \mid X(0) = i) = p_{i,j}(t) \tag{5.39}$$

5.2.2 任意の時刻における状態分布

時刻 t における状態 $X(t)$ が j である確率を $\pi_j(t)$ と表記し，すなわち

$$P(X(t) = j) = \pi_j(t) \tag{5.40}$$

とし，これを使って，時刻 t における状態分布 $\boldsymbol{\pi}(t)$ を

$$\boldsymbol{\pi}(t) = [\,\pi_0(t), \pi_1(t), \pi_2(t), \ldots\,] \tag{5.41}$$

と表現する．また，t **時間遷移確率行列** $\boldsymbol{P}(t)$ を

$$\boldsymbol{P}(t) = \begin{bmatrix} p_{0,0}(t) & p_{0,1}(t) & p_{0,2}(t) & \cdots \\ p_{1,0}(t) & p_{1,1}(t) & p_{1,2}(t) & \cdots \\ p_{2,0}(t) & p_{2,1}(t) & p_{2,2}(t) & \cdots \\ \vdots & \vdots & \vdots & \ddots \end{bmatrix} \tag{5.42}$$

とする．ただし，

$$\boldsymbol{P}(0) = \boldsymbol{I} \tag{5.43}$$

である．$\boldsymbol{P}(t)$ の各成分は確率であるから，

$$0 \leq p_{i,j}(t) \leq 1 \tag{5.44}$$

である．また，いずれの状態も t 経過後に必ずどこかの状態にいるので，あらゆる i について次式が成立する．

$$\sum_j p_{i,j}(t) = 1 \tag{5.45}$$

初期分布 $\boldsymbol{\pi}(0)$ と t 時間遷移確率行列 $\boldsymbol{P}(t)$ により，時刻 t における状態分布 $\boldsymbol{\pi}(t)$ が次式のように表される．

$$\boldsymbol{\pi}(t) = \boldsymbol{\pi}(0)\boldsymbol{P}(t) \tag{5.46}$$

---

*¹ 期間 $(s, s+t)$ 中の状態は何でもかまわない．時刻 $s+t$ で状態が j になっていればよい．

これは，式 (5.17) に対応している．離散時間系との大きな違いは，各遷移確率が与えられていない[*1] ことである．したがって，初期分布 $\boldsymbol{\pi}(0)$ が与えられたとき，任意の時刻 t における状態分布 $\boldsymbol{\pi}(t)$ を得るためには，t 時間遷移確率行列 $\boldsymbol{P}(t)$ を求める必要がある．それでは，チャップマン - コルモゴロフの方程式から検討を始めよう．

当初 i であった状態が，s 経過後では k となっており，さらに t 経過後では j になっているとする．マルコフ性により，あらゆる i, k, j, s, t について，次式が成り立つ．

$$p_{i,j}(s+t) = \sum_{k=0}^{\infty} p_{i,k}(s) p_{k,j}(t) \tag{5.47}$$

これを行列で表現すると，次式のようになる．

$$\boldsymbol{P}(s+t) = \boldsymbol{P}(s)\boldsymbol{P}(t) \tag{5.48}$$

式 (5.47) または式 (5.48) が，連続時間系におけるチャップマン - コルモゴロフの方程式である．

式 (5.48) において，s を t，t を Δt に置き換えると，

$$\boldsymbol{P}(t + \Delta t) = \boldsymbol{P}(t)\boldsymbol{P}(\Delta t) \tag{5.49}$$

となる．両辺ともに $\boldsymbol{P}(t)$ を引いて，Δt で割ると，

$$\frac{\boldsymbol{P}(t + \Delta t) - \boldsymbol{P}(t)}{\Delta t} = \boldsymbol{P}(t) \frac{1}{\Delta t} (\boldsymbol{P}(\Delta t) - \boldsymbol{I}) \tag{5.50}$$

となる．ここで，$\Delta t \to 0$ とすると，次式のような微分方程式が得られる．

$$\frac{\mathrm{d}\boldsymbol{P}(t)}{\mathrm{d}t} = \boldsymbol{P}(t) \boldsymbol{Q} \tag{5.51}$$

これが連続時間系におけるコルモゴロフの前進方程式である．ただし，

$$\lim_{\Delta t \to 0} \frac{1}{\Delta t} (\boldsymbol{P}(\Delta t) - \boldsymbol{I}) = \boldsymbol{Q} \tag{5.52}$$

とおいている．$\boldsymbol{Q}$ を**無限小生成行列** (infinitesimal generator) という．なお，式 (5.46)，(5.51) より

$$\frac{\mathrm{d}\boldsymbol{\pi}(t)}{\mathrm{d}t} = \boldsymbol{\pi}(t) \boldsymbol{Q} \tag{5.53}$$

が得られるが，これもコルモゴロフの前進方程式という．

[*1] 後述するように，各遷移確率の変化率が与えられる．

また，式 (5.48) において，s を Δt に置き換えると，

$$P(\Delta t + t) = P(\Delta t)P(t) \tag{5.54}$$

となる．両辺ともに $P(t)$ を引いて，Δt で割ると

$$\frac{P(t + \Delta t) - P(t)}{\Delta t} = \frac{1}{\Delta t}(P(\Delta t) - I)P(t) \tag{5.55}$$

となるので，$\Delta t \to 0$ とすると

$$\frac{\mathrm{d}P(t)}{\mathrm{d}t} = QP(t) \tag{5.56}$$

となる．式 (5.56) がコルモゴロフの後退方程式である．

コルモゴロフの前進方程式 (5.51) と後退方程式 (5.56) は，Q の対角成分が有限ならば，いずれも同じ解をもつことが知られている．そのとき，初期条件 $P(0) = I$ の下で式 (5.51)，(5.56) を解くと，次式が得られる．

$$P(t) = e^{Qt} = \sum_{n=0}^{\infty} \frac{(Qt)^n}{n!} = I + \sum_{n=1}^{\infty} \frac{(Qt)^n}{n!} \tag{5.57}$$

例 5.7（t 時間遷移確率行列）
Q についての検討を先送りし，ひとまず，Q が

$$Q = \begin{bmatrix} -\lambda & \lambda \\ \mu & -\mu \end{bmatrix}$$

と与えられている場合の連続時間マルコフ連鎖の t 時間遷移確率行列 $P(t)$ を求めよう．

まず，Q^n を求める．固有方程式

$$|Q - tI| = \begin{vmatrix} -\lambda - t & \lambda \\ \mu & -\mu - t \end{vmatrix} = 0$$

を解くと，固有値は 0，$-\lambda - \mu$ となる．方程式 $[\,Q - 0I\,]x = \mathbf{0}^\mathrm{T}$ より，固有ベクトル $c_1 \begin{bmatrix} 1 \\ 1 \end{bmatrix}$ が得られ，もう一方の方程式 $[\,Q - (-\lambda - \mu)I\,]x = \mathbf{0}^\mathrm{T}$ より，固有ベクトル $c_2 \begin{bmatrix} \lambda \\ -\mu \end{bmatrix}$ が得られるので，

$$X = \begin{bmatrix} 1 & \lambda \\ 1 & -\mu \end{bmatrix}, \quad X^{-1} = \frac{1}{\lambda+\mu} \begin{bmatrix} \mu & \lambda \\ 1 & -1 \end{bmatrix}$$

を用いて，Q を次式のように対角化することができる．

$$X^{-1}QX = \begin{bmatrix} 0 & 0 \\ 0 & -\lambda-\mu \end{bmatrix}$$

したがって，

$$X^{-1}Q^n X = \begin{bmatrix} 0^n & 0 \\ 0 & (-\lambda-\mu)^n \end{bmatrix}$$

となるので，Q^n は次式のようになる．

$$Q^n = X \begin{bmatrix} 0^n & 0 \\ 0 & (-\lambda-\mu)^n \end{bmatrix} X^{-1}$$

$$= \frac{1}{\lambda+\mu} \begin{bmatrix} \mu 0^n + \lambda(-\lambda-\mu)^n & \lambda 0^n - \lambda(-\lambda-\mu)^n \\ \mu 0^n - \mu(-\lambda-\mu)^n & \lambda 0^n + \mu(-\lambda-\mu)^n \end{bmatrix}$$

これを式 (5.57) に代入すると，次式のように $P(t)$ が得られる．

$$P(t) = I + \sum_{n=1}^{\infty} \frac{(Qt)^n}{n!}$$

$$= I + \frac{1}{\lambda+\mu} \sum_{n=1}^{\infty} \begin{bmatrix} \dfrac{\lambda(-\lambda-\mu)^n t^n}{n!} & \dfrac{-\lambda(-\lambda-\mu)^n t^n}{n!} \\ \dfrac{-\mu(-\lambda-\mu)^n t^n}{n!} & \dfrac{\mu(-\lambda-\mu)^n t^n}{n!} \end{bmatrix}$$

$$= I - \frac{1}{\lambda+\mu} \begin{bmatrix} \lambda & -\lambda \\ -\mu & \mu \end{bmatrix}$$

$$+ \frac{1}{\lambda+\mu} \sum_{n=0}^{\infty} \begin{bmatrix} \dfrac{\lambda(-\lambda-\mu)^n t^n}{n!} & \dfrac{-\lambda(-\lambda-\mu)^n t^n}{n!} \\ \dfrac{-\mu(-\lambda-\mu)^n t^n}{n!} & \dfrac{\mu(-\lambda-\mu)^n t^n}{n!} \end{bmatrix}$$

$$= \frac{1}{\lambda+\mu} \begin{bmatrix} \mu + \lambda e^{-(\lambda+\mu)t} & \lambda - \lambda e^{-(\lambda+\mu)t} \\ \mu - \mu e^{-(\lambda+\mu)t} & \lambda + \mu e^{-(\lambda+\mu)t} \end{bmatrix}$$

本例では，コルモゴロフの前進方程式 (5.51) の解である式 (5.57) に Q^n を代入して $P(t)$ を求めた．付録 G の例 G.2 に，ラプラス変換を使ってコルモゴロフの前進方程式を解く別解法を示している．

図 5.6 に $\lambda = 2$，$\mu = 3$，初期分布 $\pi(0) = [\,0.1, 0.9\,]$ のときの状態確率の推移を示す．

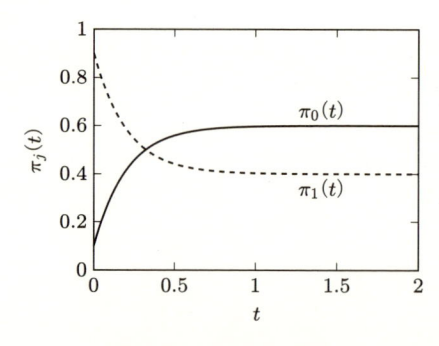

図 5.6　状態確率の推移

ちなみに，後に示す例 5.9 の結果から定常分布を計算すると，[0.6, 0.4] となる．

ここであげた簡単な例では $P(t)$ が得られたが，現実には，ほとんどの場合，$P(t)$ を解析的に求めることは困難である．

それでは，Q について考えよう．第 (i,j) 成分を $q_{i,j}$ とすると，非対角成分 $q_{i,j}$ $(i \neq j)$ は

$$q_{i,j} = \lim_{\Delta t \to 0} \frac{p_{i,j}(\Delta t)}{\Delta t} \tag{5.58}$$

である．$p_{i,j}(\Delta t)$ は，状態 i が微小時間 Δt 経過後に状態 j に遷移している確率であるから，$q_{i,j}$ は，状態 i から j への遷移確率の変化率と考えることができる．遷移確率の変化率を**遷移速度**（transition rate）という．一方，対角成分 $q_{i,i}$ は

$$q_{i,i} = \lim_{\Delta t \to 0} \frac{p_{i,i}(\Delta t) - 1}{\Delta t} \tag{5.59}$$

である．状態 i が微小時間 Δt 経過後に i 以外の状態に遷移している確率は，$1 - p_{i,i}(\Delta t)$ である．したがって，$-q_{i,i}$ は状態 i から i 以外の状態への遷移速度と考えられる．なお，$P(\Delta t)$ の各行の総和が 1 であることから Q の各行の総和は 0 となり，したがって，

$$q_{i,i} = -\sum_{j \neq i} q_{i,j} \tag{5.60}$$

となる．このように，Q の各成分は遷移速度となっているので，Q を**遷移速度行列**（transition rate matrix）ともいう．

例 5.8（遷移速度）

システム内人数を状態とすると，M/M/1 待ち行列システムを連続時間マルコフ連鎖と

とらえることができる．

客が到着すると状態が1増加する．到着率を λ とすると，微小時間 Δt 中に客が到着する確率は，式 (3.32) より，$\lambda \Delta t + o(\Delta t)$ であるから，

$$p_{i,i+1}(\Delta t) = \lambda \Delta t + o(\Delta t)$$

と考えることができ，これを式 (5.58) に代入すると，次式のようになる．

$$q_{i,i+1} = \lim_{\Delta t \to 0} \frac{p_{i,i+1}(\Delta t)}{\Delta t} = \lim_{\Delta t \to 0} \frac{\lambda \Delta t + o(\Delta t)}{\Delta t} = \lambda$$

一方，客のサービスが終了し，退去すると状態が1減少する．サービス率を μ とすると，サービスを受けている客が微小時間 Δt 中に退去する確率は，式 (3.38) より，$\mu \Delta t + o(\Delta t)$ であるから，

$$p_{i,i-1}(\Delta t) = \mu \Delta t + o(\Delta t)$$

であり，次式のようになる．

$$q_{i,i-1} = \lim_{\Delta t \to 0} \frac{p_{i,i-1}(\Delta t)}{\Delta t} = \lim_{\Delta t \to 0} \frac{\mu \Delta t + o(\Delta t)}{\Delta t} = \mu$$

このように，マルコフモデルの待ち行列システムでは，遷移速度は到着率やサービス率で表される．

離散時間マルコフ連鎖では，遷移確率が与えられているので，これをラベルとする有向グラフで状態遷移の様子を表現し，これを状態遷移図とよんだ．これに対して，連続時間マルコフ連鎖では，与えられている遷移速度をラベルとする有向グラフを描く．この有向グラフを**状態遷移速度図** (state transition rate diagram) という．図 5.7 に例 5.7 の連続時間マルコフ連鎖の状態遷移速度図を示す．微小時間 Δt を用いて図 5.7 の状態遷移図を強引に描くと，図 5.8 のようになる．両者の違いをよく見比べてほしい．

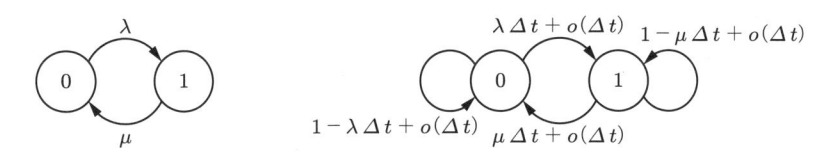

図 5.7 例 5.7 の状態遷移速度図　　**図 5.8** 図 5.7 の状態遷移図に相当する図

5.2.3 状態の滞在時間と遷移先

状態の滞在時間分布について考察しよう．時刻 0 で状態 i への遷移が起きたとする．任意の $s, t \geq 0$ について，状態 i の滞在時間 S_i が s より大きいという条件の下で

$S_i > s+t$ となる確率は，

$$P(S_i > s+t \mid S_i > s)$$
$$= P(X(u) = i, 0 \leq u \leq s+t \mid X(u) = i, 0 \leq u \leq s) \tag{5.61}$$

である．マルコフ性を表す式 (5.37) より，次式のようになる．

$$P(S_i > s+t \mid S_i > s) = P(X(u) = i, 0 \leq u \leq s+t \mid X(s) = i) \tag{5.62}$$

定常な遷移を仮定しているので，この式の右辺は，$P(S_i > t)$ であることを表している．したがって，次式が成り立つ．

$$P(S_i > s+t \mid S_i > s) = P(S_i > t) \tag{5.63}$$

これは式 (3.41) と等価であるから，滞在時間は指数分布に従う．

状態 i の滞在時間 S_i がパラメータ a_i の指数分布に従うとすると，微小時間 Δt 中に遷移が起こる確率は $a_i \Delta t + o(\Delta t)$ である．したがって，微小時間 Δt 経過後に状態が i に留まっている確率 $p_{i,i}(\Delta t)$ は，

$$p_{i,i}(\Delta t) = 1 - a_i \Delta t + o(\Delta t) \tag{5.64}$$

である．一方，式 (5.59) より，

$$q_{i,i} \Delta t + o(\Delta t) = p_{i,i}(\Delta t) - 1 \tag{5.65}$$

である．よって，式 (5.64), (5.65) より，

$$a_i = -q_{i,i} \tag{5.66}$$

となる．したがって，状態 i の滞在時間 S_i の分布関数は，次式のようになる．

$$P(S_i \leq t) = 1 - e^{q_{i,i} t} \tag{5.67}$$

さらに，状態 i での滞在が終了したときの遷移先について考えよう．時刻 t の直前で状態は i であったとする．時刻 t で遷移が起こり，状態が $j\,(\neq i)$ となる確率は，次式のようになる．

$$P(\text{時刻 } t \text{ で状態が } i \text{ から } j \text{ に遷移する})$$
$$= \lim_{\Delta t \to 0} P(X(t) = j \mid X(t) \neq i, X(t-\Delta t) = i)$$
$$= \lim_{\Delta t \to 0} \frac{P(X(t) = j, X(t) \neq i, X(t-\Delta t) = i)}{P(X(t) \neq i, X(t-\Delta t) = i)}$$

$$= \lim_{\Delta t \to 0} \frac{P(X(t) = j, X(t - \Delta t) = i)}{P(X(t) \neq i, X(t - \Delta t) = i)}$$

$$= \lim_{\Delta t \to 0} \frac{P(X(t) = j \mid X(t - \Delta t) = i)}{P(X(t) \neq i \mid X(t - \Delta t) = i)} = \lim_{\Delta t \to 0} \frac{q_{i,j} \Delta t + o(\Delta t)}{-q_{i,i} \Delta t + o(\Delta t)}$$

$$= \frac{q_{i,j}}{-q_{i,i}} = \frac{q_{i,j}}{\sum_{k \neq i} q_{i,k}} \tag{5.68}$$

このように,状態 i から他の状態へ遷移が起こったとすると,過去の履歴にかかわらず,遷移先 j は単純に遷移速度 $q_{i,j}$ の比率に従って決定されるのである.

5.2.4 状態の分類

連続時間マルコフ連鎖における状態の分類も,離散時間系の場合と同様である.
$p_{i,j}(t) > 0$ となる t が存在するならば,状態 i から j へは到達可能であるといい,$i \to j$ と表記する.$i \to j$ かつ $j \to i$ ならば,状態 i と j は相互に到達可能であるといい,$i \leftrightarrow j$ と表記する.相互に到達可能な状態の集合を同値類という.あるマルコフ連鎖が一つの同値類で構成されているならば,このマルコフ連鎖は既約であるという.
状態 i から i への初到達時間 $T_{i,i}$ について,$P(T_{i,i} < \infty) < 1$ であれば,状態 i は過渡的であるという.これに対して,$P(T_{i,i} < \infty) = 1$ であれば,状態 i は再帰的であるという.再帰的な場合は,復帰に要する時間の期待値 $E[T_{i,i}]$ により,さらに次の二つに分類される.$E[T_{i,i}] < \infty$ であれば,状態 i は正再帰的であるという.一方,$E[T_{i,i}] = \infty$ であれば,状態 i は零再帰的であるという.過渡的,正再帰的,零再帰的に関して,同じ同値類に属する状態は同じ性質をもつ.なお,状態数が有限の場合の状態は,過渡的または正再帰的のいずれかである.

離散時間系との大きな違いは,連続時間マルコフ連鎖には周期の概念がないことである.周期は $p_{i,i}(t) > 0$ となる t の最大公約数であるが,状態滞在時間が指数分布に従うため,最大公約数は存在しない.

5.2.5 定常分布

本項では,エルゴード的なマルコフ連鎖のみを扱うことにするが,前項で述べたように連続時間マルコフ連鎖には周期の概念がないので,既約で正再帰的な連続時間マルコフ連鎖を扱うことになる.

離散時間系の場合と同様,遷移が起こっても状態分布が変化しないならば,その状態分布は定常分布である.したがって,式 (5.34) と式 (5.35) を満足する $\boldsymbol{\pi}$ が定常分布

である．ところが，5.2.2 項で述べたように，連続時間系では t 時間遷移確率行列 $\boldsymbol{P}(t)$ を求めることは，ほとんどの場合困難である．そこで，ひとまず式 (5.57) を用いて，式 (5.34) を変形すると

$$\boldsymbol{\pi}\boldsymbol{P}(t) = \boldsymbol{\pi}e^{\boldsymbol{Q}t} = \boldsymbol{\pi} + \boldsymbol{\pi}\sum_{n=1}^{\infty}\frac{(\boldsymbol{Q}t)^n}{n!} \tag{5.69}$$

となるので，

$$\boldsymbol{\pi}\boldsymbol{Q} = \boldsymbol{0} \tag{5.70}$$

であれば，式 (5.34) が成立することになる．そこで，式 (5.70) を連続時間マルコフ連鎖における大域平衡方程式とする．これと

$$\boldsymbol{\pi}\boldsymbol{1}^{\mathrm{T}} = 1 \tag{5.71}$$

を満足する行ベクトル $\boldsymbol{\pi}$ が定常分布となる．離散時間系の場合と同様，連続時間系においても，定常分布はただ一つ存在することが知られている．

式 (5.70) の第 j 成分は

$$\sum_{i}\pi_i q_{i,j} = \pi_j q_{j,j} + \sum_{i\neq j}\pi_i q_{i,j} \tag{5.72}$$

となるが，流入の向きを正として，右辺第 1 項は状態 j から流出する単位時間あたりの確率フロー，第 2 項は状態 j へ流入する単位時間あたりの確率フローである．したがって，式 (5.70) は，すべての状態においてこれらの和が 0 となることを表している．

例 5.9（定常分布）

図 5.7 の連続時間マルコフ連鎖の大域平衡方程式は

$$[\pi_1, \pi_2]\begin{bmatrix} -\lambda & \lambda \\ \mu & -\mu \end{bmatrix} = [0, 0]$$

となるので，これと

$$\pi_1 + \pi_2 = 1$$

を連立させて解くと，定常分布 $\boldsymbol{\pi}$ は次式のようになる．

$$\boldsymbol{\pi} = \left[\frac{\mu}{\lambda+\mu}, \frac{\lambda}{\lambda+\mu}\right]$$

時間平均分布については，

$$\lim_{t\to\infty} \frac{1}{t}\int_0^t 1(X(s)=i)\mathrm{d}s = \frac{1}{E[T_{i,i}]} = \pi_i \tag{5.73}$$

が成り立つことが知られているため，定常分布に一致する．

また，極限分布 z がただ一つ存在し，定常分布に一致することが知られている．すなわち，

$$\lim_{t\to\infty} \boldsymbol{P}(t) = \begin{bmatrix} \boldsymbol{z} \\ \boldsymbol{z} \\ \vdots \end{bmatrix} \tag{5.74}$$

となるので，

$$\lim_{t\to\infty} p_{i,j}(t) = \pi_j \tag{5.75}$$

である．ちなみに，式 (5.74) の両辺に $\boldsymbol{\pi}(0)$ を掛けると，

$$\lim_{t\to\infty} \boldsymbol{\pi}(0)\boldsymbol{P}(t) = \boldsymbol{z} \tag{5.76}$$

となって，離散時間系のときの式 (5.30) に相当する式が得られる．

例 5.10（極限分布）

例 5.7 で求めたように，図 5.7 の連続時間マルコフ連鎖の t 時間遷移確率行列 $\boldsymbol{P}(t)$ は

$$\boldsymbol{P}(t) = \frac{1}{\lambda+\mu}\begin{bmatrix} \mu+\lambda e^{-(\lambda+\mu)t} & \lambda-\lambda e^{-(\lambda+\mu)t} \\ \mu-\mu e^{-(\lambda+\mu)t} & \lambda+\mu e^{-(\lambda+\mu)t} \end{bmatrix}$$

であるから，$t\to\infty$ として極限分布 $\boldsymbol{z}$ を求めると，

$$\boldsymbol{z} = \begin{bmatrix} \dfrac{\mu}{\lambda+\mu}, & \dfrac{\lambda}{\lambda+\mu} \end{bmatrix}$$

となる．これは，例 5.9 で得られた定常分布に一致している．

演習問題

5.1 すべての行について成分の総和が 1 である正方行列を **確率行列** (stochastic matrix) という．確率行列の積もまた確率行列であることを示せ．

5.2 すべての列について成分の総和が 1 である確率行列を **二重確率行列** (doubly stochastic matrix) という．状態数 $K+1$ で，エルゴード的な離散時間マルコフ連鎖において，遷移確率行列 P が二重確率行列であれば，その極限分布は $\left[\dfrac{1}{K+1}, \dfrac{1}{K+1}, \ldots, \dfrac{1}{K+1}\right]$ となることを示せ．

5.3 状態遷移速度図が図 5.9 のように表される連続時間マルコフ連鎖の定常分布 $\boldsymbol{\pi}$ を求めよ．

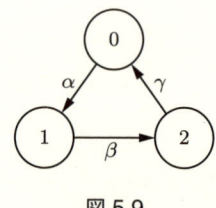

図 5.9

第6章 出生死滅過程

前章で説明した連続時間マルコフ連鎖において隣接した状態にしか遷移しないものを出生死滅過程という．これは出生や死亡がランダムに起こるとした場合の人口の推移を表現するモデルである．マルコフモデルのシステム内人数も同様で，ランダムな到着により1人増加し，ランダムな退去により1人減少する．したがって，出生死滅過程をマルコフモデルの一般形と考えることができる．本章では，出生のみの過程（純出生過程），死滅のみの過程（純死滅過程）を説明した後，出生も死滅も起こる過程（出生死滅過程）へと話を進める．

6.1 純出生過程

連続時間マルコフ連鎖 $\{X(t); t \geq 0\}$ において，次の3条件

(1) $X(0) = 0$
(2) $P(X(t + \Delta t) - X(t) = 1 \mid X(t) = k) = \lambda_k \Delta t + o(\Delta t)$ $(k = 0, 1, 2, \ldots)$
(3) $P(X(t + \Delta t) - X(t) \geq 2 \mid X(t) = k) = o(\Delta t)$ $(k = 0, 1, 2, \ldots)$

が満足されるならば，この過程を**純出生過程**（pure birth process）という．また，単位時間あたりの出生数を**出生率**（birth rate）という．λ_k は状態 k における出生率である．

条件 (2) は，微小時間 Δt 中に1人出生し，状態が1増加する確率を表しているから，

$$p_{k,k+1}(\Delta t) = \lambda_k \Delta t + o(\Delta t) \quad (k = 0, 1, 2, \ldots) \tag{6.1}$$

である．これを式 (5.58) に代入すると，次式のようになる．

$$\begin{aligned} q_{k,k+1} &= \lim_{\Delta t \to 0} \frac{p_{k,k+1}(\Delta t)}{\Delta t} = \lim_{\Delta t \to 0} \frac{\lambda_k \Delta t + o(\Delta t)}{\Delta t} \\ &= \lambda_k \quad (k = 0, 1, 2, \ldots) \end{aligned} \tag{6.2}$$

条件 (3) は，微小時間 Δt 中に状態が 2 以上増加する確率が十分小さいことを表しているので，

$$p_{k,k+j}(\Delta t) = o(\Delta t) \qquad (k = 0, 1, 2, \ldots, \quad j = 2, 3, 4, \ldots) \tag{6.3}$$

であり，上と同様にして，次式が得られる．

$$\begin{aligned} q_{k,k+j} &= \lim_{\Delta t \to 0} \frac{p_{k,k+j}(\Delta t)}{\Delta t} = \lim_{\Delta t \to 0} \frac{o(\Delta t)}{\Delta t} \\ &= 0 \qquad (k = 0, 1, 2, \ldots, \quad j = 2, 3, 4, \ldots) \end{aligned} \tag{6.4}$$

また，純出生過程では，状態が減ることはないので，

$$\begin{aligned} p_{k,k}(\Delta t) &= 1 - p_{k,k+1}(\Delta t) - p_{k,k+2}(\Delta t) - p_{k,k+3}(\Delta t) - \cdots \\ &\quad (k = 0, 1, 2, \ldots) \end{aligned} \tag{6.5}$$

であるが，式 (6.1)，(6.3) より，

$$p_{k,k}(\Delta t) = 1 - \lambda_k \Delta t + o(\Delta t) \qquad (k = 0, 1, 2, \ldots) \tag{6.6}$$

となるので，これを式 (5.59) に代入すると，次式のようになる．

$$\begin{aligned} q_{k,k} &= \lim_{\Delta t \to 0} \frac{p_{k,k}(\Delta t) - 1}{\Delta t} = \lim_{\Delta t \to 0} \frac{-\lambda_k \Delta t + o(\Delta t)}{\Delta t} \\ &= -\lambda_k \qquad (k = 0, 1, 2, \ldots) \end{aligned} \tag{6.7}$$

以上のことから，遷移速度行列 $\boldsymbol{Q}$ は，

$$\boldsymbol{Q} = \begin{bmatrix} -\lambda_0 & \lambda_0 & & & \boldsymbol{O} \\ & -\lambda_1 & \lambda_1 & & \\ & & -\lambda_2 & \ddots & \\ \boldsymbol{O} & & & & \ddots \end{bmatrix} \tag{6.8}$$

となる．図 6.1 に状態遷移速度図を示す．

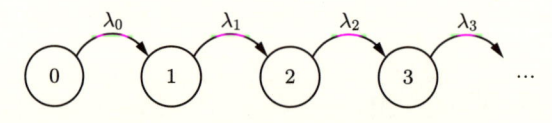

図 6.1　純出生過程の状態遷移速度図

コルモゴロフの前進方程式 (5.53) は，

$$\frac{d\pi_0(t)}{dt} = -\lambda_0 \pi_0(t) \tag{6.9}$$

$$\frac{d\pi_k(t)}{dt} = \lambda_{k-1}\pi_{k-1}(t) - \lambda_k \pi_k(t) \quad (k=1,2,3,\ldots) \tag{6.10}$$

である．条件 (1) を初期条件として，これらの微分方程式を順次解くと，$\pi_k(t)$ が得られる（演習問題 6.1 参照）．

例 6.1（ポアソン過程）

$\lambda_k = \lambda \ (k=0,1,2,\ldots)$ の純出生過程 $\{X(t); t \geq 0\}$ について考える．式 (6.9)，(6.10) より，コルモゴロフの前進方程式は，

$$\frac{d\pi_0(t)}{dt} = -\lambda \pi_0(t)$$

$$\frac{d\pi_k(t)}{dt} = \lambda \pi_{k-1}(t) - \lambda \pi_k(t) \quad (k=1,2,3,\ldots)$$

となる．各微分方程式の両辺をラプラス変換（付録 G 参照）すると，

$$s\tilde{\Pi}_0(s) - \pi_0(0) = -\lambda \tilde{\Pi}_0(s)$$

$$s\tilde{\Pi}_k(s) - \pi_k(0) = \lambda \tilde{\Pi}_{k-1}(s) - \lambda \tilde{\Pi}_k(s) \quad (k=1,2,3,\ldots)$$

となる．ここで，初期分布 $\boldsymbol{\pi}(0) = [\,1,0,0,\ldots\,]$ であるから，

$$\tilde{\Pi}_0(s) = \frac{1}{s+\lambda}$$

$$\tilde{\Pi}_k(s) = \frac{\lambda}{s+\lambda}\tilde{\Pi}_{k-1}(s) \quad (k=1,2,3,\ldots)$$

となる．これらの式をまとめると

$$\tilde{\Pi}_k(s) = \frac{\lambda^k}{(s+\lambda)^{k+1}} \quad (k=0,1,2,\ldots)$$

となるので，両辺をラプラス逆変換すると，

$$\pi_k(t) = \frac{(\lambda t)^k}{k!} e^{-\lambda t} \quad (k=0,1,2,\ldots)$$

が得られる．時刻 t における状態分布 $\boldsymbol{\pi}(t)$ がパラメータ λt のポアソン分布であることから，この過程をポアソン過程という．

6.2 ポアソン過程

前節の例 6.1 であげたように，ポアソン過程は純出生過程の一種であるが，待ち行列理論において重要な位置を占めているので，ここで節を設けて説明することにする．

連続時間マルコフ連鎖 $\{X(t); t \geq 0\}$ において，次の 3 条件

(1) $X(0) = 0$
(2) $P(X(t+\Delta t) - X(t) = 1 \mid X(t) = k) = \lambda \Delta t + o(\Delta t) \quad (k = 0, 1, 2, \ldots)$
(3) $P(X(t+\Delta t) - X(t) \geq 2 \mid X(t) = k) = o(\Delta t) \quad (k = 0, 1, 2, \ldots)$

が満足されるならば，この過程を**ポアソン過程** (Poisson process) という．これは 3.4 節で述べたポアソン到着と等価であるから，期間 $(0, t]$ 中に k 回の出生が起こる確率 $P(X(t) = k)$ は，パラメータ λt のポアソン分布の確率関数となり，

$$P(X(t) = k) = \frac{(\lambda t)^k}{k!} e^{-\lambda t} \tag{6.11}$$

である．ここでは，3.4 節で触れなかった性質を紹介する．

6.2.1 合　流

出生率がそれぞれ $\lambda_1, \lambda_2, \ldots, \lambda_M$ である M 本のポアソン過程が合流すると，出生率が $\sum_{m=1}^{M} \lambda_m$ のポアソン過程となる．これは，たとえば，男児，女児の出生率がそれぞれ λ_1, λ_2 で，いずれの出生過程もポアソン過程であれば，これらを合わせた出生過程は出生率 $\lambda_1 + \lambda_2$ のポアソン過程となることを意味している．

まず，$M = 2$ の場合について考えよう．これらのポアソン過程は互いに独立であるから，合流したポアソン過程における期間 $(0, t]$ 中の出生回数の確率関数は，それぞれのパラメータが $\lambda_1 t, \lambda_2 t$ のポアソン分布の確率関数の畳み込みとなる．例 2.17 より，これはパラメータ $(\lambda_1 + \lambda_2)t$ のポアソン分布の確率関数である．

$M = 3$ の場合は，出生率 $\lambda_1 + \lambda_2$ の過程に出生率 λ_3 の過程を合流させればよい．これ以降も同様にして，任意の M 本の合流を考えることができる．

6.2.2 分　流

出生率が λ のポアソン過程が確率 $p_1, p_2, \ldots, p_M$ で M 本に分岐すると，その分岐した各々もまたポアソン過程であり，それぞれの出生率は $p_1\lambda, p_2\lambda, \ldots, p_M\lambda$ となる．

ただし，$\sum_{m=1}^{M} p_m = 1$ である．これは，たとえば，人間の出生過程を出生率 λ のポアソン過程と仮定し，出生児が男児，女児である確率をそれぞれ p_1, p_2 とする．すると，男児，女児の出生過程はいずれもポアソン過程で，それぞれの出生率は $p_1\lambda$, $p_2\lambda$ となることを意味している．

まず，$M=2$ の場合について示す．確率 p_1 で分岐した過程 $\{X_1(t); t \geq 0\}$ に属する出生が，期間 $(0, t]$ 中に $k (= 0, 1, 2, \ldots)$ 回起こる確率 $P(X_1(t) = k)$ を求めよう．元のポアソン過程において出生が k 回以上起こり，その中から当該分岐に属する k 個の出生が選ばれると考えると，

$$\begin{aligned}
P(X_1(t)=k) &= \sum_{n=k}^{\infty} \frac{\lambda^n t^n}{n!} e^{-\lambda t} \begin{pmatrix} n \\ k \end{pmatrix} p_1^k p_2^{n-k} \\
&= \sum_{n=k}^{\infty} \frac{\lambda^n t^n}{n!} e^{-\lambda t} \frac{n!}{k!(n-k)!} p_1^k (1-p_1)^{n-k} \\
&= \frac{p_1^k}{k!} e^{-\lambda t} \sum_{n=k}^{\infty} \lambda^n t^n \frac{(1-p_1)^{n-k}}{(n-k)!} \\
&= \frac{p_1^k}{k!} e^{-\lambda t} \lambda^k t^k \sum_{i=0}^{\infty} \frac{\lambda^i t^i (1-p_1)^i}{i!} = \frac{(p_1\lambda)^k t^k}{k!} e^{-\lambda t} e^{(1-p_1)\lambda t} \\
&= \frac{(p_1\lambda)^k t^k}{k!} e^{-p_1 \lambda t} \qquad (k=0,1,2,\ldots) \quad (6.12)
\end{aligned}$$

となる．これはパラメータ $p_1\lambda t$ のポアソン分布の確率関数である．確率 p_2 で分岐した過程 $\{X_2(t); t \geq 0\}$ についても，同様にして次式が得られる．

$$\begin{aligned}
P(X_2(t)=k) &= \sum_{n=k}^{\infty} \frac{\lambda^n t^n}{n!} e^{-\lambda t} \begin{pmatrix} n \\ k \end{pmatrix} p_2^k p_1^{n-k} \\
&= \frac{(p_2\lambda)^k t^k}{k!} e^{-p_2\lambda t} \qquad (k=0,1,2,\ldots) \quad (6.13)
\end{aligned}$$

$M=3$ の場合は，まず，出生率 λ のポアソン過程を確率 p_1, $p_2 + p_3$ で2本に分岐させ，次に，出生率 $(p_2 + p_3)\lambda$ のポアソン過程を確率 p_2, p_3 で2本に分岐させればよい．これ以降も，同様にして任意の M に拡張することができる．

6.2.3 PASTA

ポアソン過程 $\{X(t); t \geq 0\}$ において，n 番目の出生時刻を t_n とする．また，ある連続時間確率過程（ポアソン過程である必要はない）$\{Y(t); t \geq 0\}$ において，各 t_n の直前 t_n^- での Y の平均

$$E[Y(t_n^-)] = \lim_{n \to \infty} \frac{1}{n} \sum_{i=1}^{n} Y(t_i^-) \tag{6.14}$$

と，Y の時間平均

$$E[Y(t)] = \lim_{t \to \infty} \frac{1}{t} \int_0^t Y(s) \, \mathrm{d}s \tag{6.15}$$

が存在するとする．任意の $t\,(>0)$ について，$\{Y(s); s < t\}$ と $\{X(u); u \geq t\}$ が互いに独立ならば，次式が成り立つ．

$$E[Y(t_n^-)] = E[Y(t)] \tag{6.16}$$

これは任意の時刻において，過去の Y と将来の X が独立であれば，X の増加時刻直前での Y の平均が Y の時間平均に等しくなることを意味している．ポアソン過程がもつこのような性質を **PASTA**（Poisson Arrivals See Time Averages）という．

それでは，待ち行列システムへの応用について考えよう．ある待ち行列システムに到着する人数の計数過程を $\{X(t); t \geq 0\}$，その待ち行列システムのシステム内人数の過程を $\{Y(t); t \geq 0\}$ とする．すると，X の増加時刻直前での Y とは，到着客が見るシステム内人数（到着客自身を含まない）と考えられる．また，Y の時間平均とは，第三者が見るシステム内人数の時間平均である．

> **例 6.2**（PASTA）
>
> PASTA が成立する場合 (1) と成立しない場合 (2) の例を示すが，いずれも平均到着間隔は 10 秒で，サービス時間は一律 8 秒とする．
>
> (1) 客の到着がポアソン到着，すなわち到着間隔が平均 10 秒の指数分布に従うとすると，PASTA の性質より，到着客が見るシステム内人数の平均と第三者が見るシステム内人数の時間平均は等しい．
> (2) 到着間隔が一律 10 秒であるとすると，サービス時間が一律 8 秒なので，客の到着時には常にシステムはあいている．したがって，到着客が見るシステム内人数の平均は 0 である．しかし，第三者が見るシステム内人数の時間平均は 0.8 である．

到着客の見るシステム内人数（状態）が j である確率は $P(Y(t) = j \mid t$ の直後に到着$)$ と考えられるので，これを式変形しよう．

$$
\begin{aligned}
&P(Y(t) = j \mid t \text{ の直後に到着}) \\
&= \lim_{\Delta t \to 0} P(Y(t) = j \mid (t, t+\Delta t] \text{ 中に到着}) \\
&= \lim_{\Delta t \to 0} \frac{P(Y(t) = j, (t, t+\Delta t] \text{ 中に到着})}{P((t, t+\Delta t] \text{ 中に到着})} \\
&= \lim_{\Delta t \to 0} \frac{P(Y(t) = j) P((t, t+\Delta t] \text{ 中に到着} \mid Y(t) = j)}{P((t, t+\Delta t] \text{ 中に到着})}
\end{aligned} \quad (6.17)
$$

ここで，客がポアソン到着するとすると，状態には依存しないから，

$$P((t, t+\Delta t] \text{ 中に到着} \mid Y(t) = j) = P((t, t+\Delta t] \text{ 中に到着}) \quad (6.18)$$

である．したがって，次式が成り立つ．

$$P(Y(t) = j \mid t \text{ の直後に到着}) = P(Y(t) = j) \quad (6.19)$$

式 (6.19) より，ポアソン到着する客が見る状態分布は，第三者が見る状態分布に等しい．したがって，システムが定常状態にあれば，到着客の見る状態分布は定常分布である．待ち行列システムでは，このような性質を PASTA とよんでいる．PASTA の具体例や解析への適用例については，次章以降で随時紹介する．

6.3 純死滅過程

有限の状態空間 $\{0, 1, 2, \ldots, K\}$ をもつ連続時間マルコフ連鎖 $\{X(t); t \geq 0\}$ において，次の 3 条件

(1) $X(0) = K$
(2) $P(X(t+\Delta t) - X(t) = -1 \mid X(t) = k) = \mu_k \Delta t + o(\Delta t) \quad (k = 1, 2, \ldots, K)$
(3) $P(X(t+\Delta t) - X(t) \leq -2 \mid X(t) = k) = o(\Delta t) \quad (k = 2, 3, \ldots, K)$

が満足されるならば，この過程を**純死滅過程**（pure death process）という．また，単位時間あたりの死滅数を**死滅率**（death rate）という．μ_k は状態 k における死滅率である．なお，状態が 0 となった時点で純死滅過程は終了する．

条件 (2) は，微小時間 Δt 中に 1 人死滅し，状態が 1 減少する確率を表しているので，

$$p_{k,k-1}(\Delta t) = \mu_k \Delta t + o(\Delta t) \qquad (k = 1, 2, \ldots, K) \tag{6.20}$$

である．これを式 (5.58) に代入すると，次式のようになる．

$$\begin{aligned} q_{k,k-1} &= \lim_{\Delta t \to 0} \frac{p_{k,k-1}(\Delta t)}{\Delta t} = \lim_{\Delta t \to 0} \frac{\mu_k \Delta t + o(\Delta t)}{\Delta t} \\ &= \mu_k \qquad (k = 1, 2, \ldots, K) \end{aligned} \tag{6.21}$$

条件 (3) は，微小時間 Δt 中に状態が 2 以上減少する確率が十分小さいことを表しているので，

$$p_{k,k-j}(\Delta t) = o(\Delta t) \qquad (2 \leq j \leq k \leq K) \tag{6.22}$$

であり，上と同様にして，次式が得られる．

$$\begin{aligned} q_{k,k-j} &= \lim_{\Delta t \to 0} \frac{p_{k,k-j}(\Delta t)}{\Delta t} = \lim_{\Delta t \to 0} \frac{o(\Delta t)}{\Delta t} \\ &= 0 \qquad (2 \leq j \leq k \leq K) \end{aligned} \tag{6.23}$$

また，純死滅過程では，状態が増えることはないので，

$$\begin{aligned} p_{k,k}(\Delta t) = 1 &- p_{k,k-1}(\Delta t) - p_{k,k-2}(\Delta t) - \cdots - p_{k,0}(\Delta t) \\ &(k = 1, 2, \ldots, K) \end{aligned} \tag{6.24}$$

であるが，式 (6.20), (6.22) より，

$$p_{k,k}(\Delta t) = 1 - \mu_k \Delta t + o(\Delta t) \qquad (k = 1, 2, \ldots, K) \tag{6.25}$$

となるので，これを式 (5.59) に代入すると，次式のようになる．

$$\begin{aligned} q_{k,k} &= \lim_{\Delta t \to 0} \frac{p_{k,k}(\Delta t) - 1}{\Delta t} = \lim_{\Delta t \to 0} \frac{-\mu_k \Delta t + o(\Delta t)}{\Delta t} \\ &= -\mu_k \qquad (k = 1, 2, \ldots, K) \end{aligned} \tag{6.26}$$

以上のことから，遷移速度行列 $\boldsymbol{Q}$ は

$$\boldsymbol{Q} = \begin{bmatrix} 0 & & & & & \boldsymbol{O} \\ \mu_1 & -\mu_1 & & & & \\ & \mu_2 & -\mu_2 & & & \\ & & & \ddots & \ddots & \\ \boldsymbol{O} & & & & \mu_K & -\mu_K \end{bmatrix} \tag{6.27}$$

6.3 純死滅過程

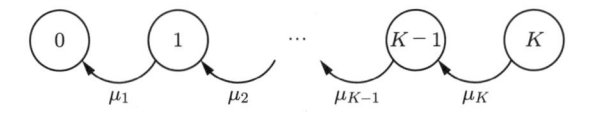

図6.2 純死滅過程の状態遷移速度図

となる．図 6.2 に状態遷移速度図を示す．

コルモゴロフの前進方程式 (5.53) は，

$$\frac{d\pi_K(t)}{dt} = -\mu_K \pi_K(t) \tag{6.28}$$

$$\frac{d\pi_k(t)}{dt} = -\mu_k \pi_k(t) + \mu_{k+1} \pi_{k+1}(t) \quad (k = K-1, K-2, \ldots, 1) \tag{6.29}$$

$$\frac{d\pi_0(t)}{dt} = \mu_1 \pi_1(t) \tag{6.30}$$

である．条件 (1) を初期条件として，これらの微分方程式を順次解くと，$\pi_k(t)$ が得られる．

例 6.3（終了時刻がアーラン分布に従う過程）

$\mu_k = \mu \ (k = 1, 2, \ldots, K)$ の純死滅過程 $\{X(t); t \geq 0\}$ について考える．式 (6.28)〜(6.30) より，コルモゴロフの前進方程式は，

$$\frac{d\pi_K(t)}{dt} = -\mu \pi_K(t)$$

$$\frac{d\pi_k(t)}{dt} = -\mu \pi_k(t) + \mu \pi_{k+1}(t) \quad (k = K-1, K-2, \ldots, 1)$$

$$\frac{d\pi_0(t)}{dt} = \mu \pi_1(t)$$

となる．一番下以外の微分方程式の両辺をラプラス変換（付録 G 参照）すると，

$$s\tilde{\Pi}_K(s) - \pi_K(0) = -\mu \tilde{\Pi}_K(s)$$

$$s\tilde{\Pi}_k(s) - \pi_k(0) = -\mu \tilde{\Pi}_k(s) + \mu \tilde{\Pi}_{k+1}(s) \quad (k = K-1, K-2, \ldots, 1)$$

となる．ここで，初期分布 $\boldsymbol{\pi}(0) = [\,\underbrace{0, 0, \ldots, 0}_{K}, 1\,]$ であるから，

$$\tilde{\Pi}_K(s) = \frac{1}{s+\mu}$$

$$\tilde{\Pi}_k(s) = \frac{\mu}{s+\mu} \tilde{\Pi}_{k+1}(s) \quad (k = K-1, K-2, \ldots, 1)$$

となる．これらの式をまとめると

$$\tilde{\Pi}_k(s) = \frac{\mu^{K-k}}{(s+\mu)^{K-k+1}} \quad (k = K, K-1, \ldots, 1)$$

となるので，両辺をラプラス逆変換すると，

$$\pi_k(t) = \frac{(\mu t)^{K-k}}{(K-k)!} e^{-\mu t} \quad (k = K, K-1, \ldots, 1)$$

が得られる．また，

$$\pi_0(t) = \int_0^t \mu \pi_1(s) \, ds = \int_0^t \frac{\mu(\mu s)^{K-1}}{(K-1)!} e^{-\mu s} \, ds$$

となるので，この過程の終了時刻はアーラン分布に従うことがわかる．

6.4 出生死滅過程

本節では，6.1 節で述べた出生と，6.3 節で述べた死滅の両方が起こる過程について検討する．

連続時間マルコフ連鎖 $\{X(t); t \geq 0\}$ において，次の 5 条件

(1) $X(0)$ は非負の整数
(2) $P(X(t+\Delta t) - X(t) = 1 \mid X(t) = k) = \lambda_k \Delta t + o(\Delta t) \quad (k = 0, 1, 2, \ldots)$
(3) $P(X(t+\Delta t) - X(t) \geq 2 \mid X(t) = k) = o(\Delta t) \quad (k = 0, 1, 2, \ldots)$
(4) $P(X(t+\Delta t) - X(t) = -1 \mid X(t) = k) = \mu_k \Delta t + o(\Delta t) \quad (k = 1, 2, 3, \ldots)$
(5) $P(X(t+\Delta t) - X(t) \leq -2 \mid X(t) = k) = o(\Delta t) \quad (k = 2, 3, 4, \ldots)$

が満足されるならば，この過程を**出生死滅過程**（birth-death process）という．本章の冒頭で述べたように，出生死滅過程は隣接した状態にしか遷移しない連続時間マルコフ連鎖であるから，この過程をマルコフモデルの一般形ととらえることができる．

6.4.1 遷移速度

条件 (2)〜(5) より，それぞれ

$$p_{k,k+1}(\Delta t) = \lambda_k \Delta t + o(\Delta t) \quad (k = 0, 1, 2, \ldots) \tag{6.31}$$

$$p_{k,k+j}(\Delta t) = o(\Delta t) \quad (k = 0, 1, 2, \ldots, \quad j = 2, 3, 4, \ldots) \tag{6.32}$$

$$p_{k,k-1}(\Delta t) = \mu_k \Delta t + o(\Delta t) \quad (k = 1, 2, 3, \ldots) \tag{6.33}$$

$$p_{k,k-j}(\Delta t) = o(\Delta t) \quad (2 \leq j \leq k) \tag{6.34}$$

であるから，それぞれ式 (5.58) に代入すると，次のようになる．

$$q_{k,k+1} = \lim_{\Delta t \to 0} \frac{p_{k,k+1}(\Delta t)}{\Delta t} = \lim_{\Delta t \to 0} \frac{\lambda_k \Delta t + o(\Delta t)}{\Delta t}$$
$$= \lambda_k \quad (k = 0, 1, 2, \ldots) \tag{6.35}$$

$$q_{k,k+j} = \lim_{\Delta t \to 0} \frac{p_{k,k+j}(\Delta t)}{\Delta t} = \lim_{\Delta t \to 0} \frac{o(\Delta t)}{\Delta t}$$
$$= 0 \quad (k = 0, 1, 2, \ldots, \quad j = 2, 3, 4, \ldots) \tag{6.36}$$

$$q_{k,k-1} = \lim_{\Delta t \to 0} \frac{p_{k,k-1}(\Delta t)}{\Delta t} = \lim_{\Delta t \to 0} \frac{\mu_k \Delta t + o(\Delta t)}{\Delta t}$$
$$= \mu_k \quad (k = 1, 2, 3, \ldots) \tag{6.37}$$

$$q_{k,k-j} = \lim_{\Delta t \to 0} \frac{p_{k,k-j}(\Delta t)}{\Delta t} = \lim_{\Delta t \to 0} \frac{o(\Delta t)}{\Delta t}$$
$$= 0 \quad (2 \leq j \leq k) \tag{6.38}$$

また,

$$p_{0,0}(\Delta t) = 1 - p_{0,1}(\Delta t) - p_{0,2}(\Delta t) - \cdots \tag{6.39}$$
$$p_{k,k}(\Delta t) = 1 - p_{k,k-1}(\Delta t) - p_{k,k-2}(\Delta t) - \cdots - p_{k,0}(\Delta t)$$
$$\quad - p_{k,k+1}(\Delta t) - p_{k,k+2}(\Delta t) - \cdots \quad (k = 1, 2, 3, \ldots) \tag{6.40}$$

であるが, 式 (6.31)〜(6.34) より, それぞれ

$$p_{0,0}(\Delta t) = 1 - \lambda_0 \Delta t + o(\Delta t) \tag{6.41}$$
$$p_{k,k}(\Delta t) = 1 - (\lambda_k + \mu_k)\Delta t + o(\Delta t) \quad (k = 1, 2, 3, \ldots) \tag{6.42}$$

となる. それぞれ式 (5.59) に代入すると, 次のようになる.

$$q_{0,0} = \lim_{\Delta t \to 0} \frac{p_{0,0}(\Delta t) - 1}{\Delta t} = \lim_{\Delta t \to 0} \frac{-\lambda_0 \Delta t + o(\Delta t)}{\Delta t}$$
$$= -\lambda_0 \tag{6.43}$$

$$q_{k,k} = \lim_{\Delta t \to 0} \frac{p_{k,k}(\Delta t) - 1}{\Delta t} = \lim_{\Delta t \to 0} \frac{-(\lambda_k + \mu_k)\Delta t + o(\Delta t)}{\Delta t}$$
$$= -(\lambda_k + \mu_k) \quad (k = 1, 2, 3, \ldots) \tag{6.44}$$

したがって, 遷移速度行列 Q は

$$Q = \begin{bmatrix} -\lambda_0 & \lambda_0 & & & O \\ \mu_1 & -(\lambda_1 + \mu_1) & \lambda_1 & & \\ & \mu_2 & -(\lambda_2 + \mu_2) & \ddots & \\ O & & & \ddots & \ddots \end{bmatrix} \quad (6.45)$$

となる．図 6.3 に状態遷移速度図を示す．

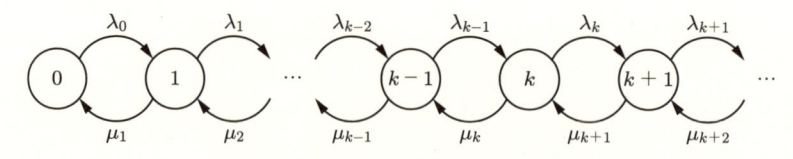

図 6.3 出生死滅過程の状態遷移速度図

6.4.2 コルモゴロフの前進方程式

式 (6.45) を式 (5.53) に適用すると，

$$\frac{d\pi_0(t)}{dt} = -\lambda_0 \pi_0(t) + \mu_1 \pi_1(t) \qquad (6.46)$$

$$\frac{d\pi_k(t)}{dt} = \lambda_{k-1} \pi_{k-1}(t) - (\lambda_k + \mu_k) \pi_k(t) + \mu_{k+1} \pi_{k+1}(t)$$

$$(k = 1, 2, 3, \ldots) \qquad (6.47)$$

のようにコルモゴロフの前進方程式が得られるが，ここでは，第 5 章で述べた確率フローの概念を利用して，コルモゴロフの前進方程式を導出する方法を紹介する．

まず，状態 $k = 1, 2, 3, \ldots$ の場合について考えよう．時刻 t から $t + \Delta t$ までの間に状態 k から流出する水量は，

$$\pi_k(t)(p_{k,k+1}(\Delta t) + p_{k,k-1}(\Delta t)) \qquad (k = 1, 2, 3, \ldots) \qquad (6.48)$$

である．一方，状態 k に流入する水量は，

$$\pi_{k-1}(t) p_{k-1,k}(\Delta t) + \pi_{k+1}(t) p_{k+1,k}(\Delta t) \qquad (k = 1, 2, 3, \ldots) \qquad (6.49)$$

である．したがって，時刻 $t + \Delta t$ における状態 k の水量 $\pi_k(t + \Delta t)$ は，次式のようになる．

$$\pi_k(t + \Delta t)$$

$$
\begin{aligned}
&= \pi_k(t) - \pi_k(t)(p_{k,k+1}(\Delta t) + p_{k,k-1}(\Delta t)) \\
&\quad + \pi_{k-1}(t)p_{k-1,k}(\Delta t) + \pi_{k+1}(t)p_{k+1,k}(\Delta t) \\
&= \pi_{k-1}(t)p_{k-1,k}(\Delta t) + \pi_k(t)(1 - p_{k,k+1}(\Delta t) - p_{k,k-1}(\Delta t)) \\
&\quad + \pi_{k+1}(t)p_{k+1,k}(\Delta t) \\
&= \pi_{k-1}(t)(\lambda_{k-1}\Delta t + o(\Delta t)) + \pi_k(t)(1 - \lambda_k\Delta t - \mu_k\Delta t + o(\Delta t)) \\
&\quad + \pi_{k+1}(t)(\mu_{k+1}\Delta t + o(\Delta t)) \qquad (k=1,2,3,\ldots) \quad (6.50)
\end{aligned}
$$

両辺ともに $\pi_k(t)$ を引くと，微小時間 Δt で変化した水量が次式のように得られる．

$$
\begin{aligned}
&\pi_k(t+\Delta t) - \pi_k(t) \\
&= \pi_{k-1}(t)(\lambda_{k-1}\Delta t + o(\Delta t)) - \pi_k(t)(\lambda_k\Delta t + \mu_k\Delta t + o(\Delta t)) \\
&\quad + \pi_{k+1}(t)(\mu_{k+1}\Delta t + o(\Delta t)) \qquad (k=1,2,3,\ldots) \quad (6.51)
\end{aligned}
$$

両辺を Δt で割って $\Delta t \to 0$ とすると，式 (6.47) と同じ微分方程式が得られる．

同様の考え方により，$k=0$ については，

$$
\begin{aligned}
\pi_0(t+\Delta t) &= \pi_0(t) - \pi_0(t)p_{0,1}(\Delta t)) + \pi_1(t)p_{1,0}(\Delta t) \\
&= \pi_0(t)(1 - p_{0,1}(\Delta t)) + \pi_1(t)p_{1,0}(\Delta t) \\
&= \pi_0(t)(1 - \lambda_0\Delta t + o(\Delta t)) + \pi_1(t)(\mu_1\Delta t + o(\Delta t)) \quad (6.52)
\end{aligned}
$$

となるので，式 (6.46) と同じ微分方程式が得られる．

コルモゴロフの前進方程式を順次解くことにより，原理的には $\pi_k(t)$ $(k=0,1,2,\ldots)$ を求めることが可能であるが，一般的に解くのは困難である．そこで，以下では定常分布を導出することにする．

6.4.3 定常分布

5.2.5 項で述べたように，大域平衡方程式

$$\pi Q = 0 \qquad (6.53)$$

と

$$\pi \mathbf{1}^{\mathrm{T}} = 1 \qquad (6.54)$$

を連立させて解くと，定常分布 π を求めることができる．なお，以下で示す定常分布導出手法の適用例は第 7〜9 章で示される．それらの章では，システム内人数を状態としている．

式 (6.53) を成分表示すると,

$$-\lambda_0 \pi_0 + \mu_1 \pi_1 = 0 \tag{6.55}$$

$$\lambda_{k-1}\pi_{k-1} - (\lambda_k + \mu_k)\pi_k + \mu_{k+1}\pi_{k+1} = 0 \quad (k=1,2,3,\ldots) \tag{6.56}$$

となる.ここで,式 (6.55),(6.56) はそれぞれ,式 (6.46),(6.47) の左辺を 0 とおいたものに等しいことに注目してほしい.

さて,式 (6.55) より

$$\mu_1 \pi_1 = \lambda_0 \pi_0 \tag{6.57}$$

であるから,これを $k=1$ のときの式 (6.56) に代入すると,

$$\mu_2 \pi_2 = \lambda_1 \pi_1 \tag{6.58}$$

となる.以降,$\mu_3 \pi_3 = \lambda_2 \pi_2, \mu_4 \pi_4 = \lambda_3 \pi_3, \cdots$ となるので,これらを順次適用すると,$\pi_k \ (k=1,2,3,\ldots)$ は次式のようになる.

$$\begin{aligned}\pi_k &= \frac{\lambda_{k-1}}{\mu_k}\pi_{k-1} = \frac{\lambda_{k-1}\lambda_{k-2}}{\mu_k \mu_{k-1}}\pi_{k-2} = \cdots = \frac{\lambda_{k-1}\lambda_{k-2}\cdots\lambda_0}{\mu_k \mu_{k-1}\cdots \mu_1}\pi_0 \\ &= \frac{\lambda_0 \lambda_1 \cdots \lambda_{k-1}}{\mu_1 \mu_2 \cdots \mu_k}\pi_0 \quad (k=1,2,3,\ldots)\end{aligned} \tag{6.59}$$

式 (6.59) を式 (6.54) に代入して,π_0 について解くと

$$\pi_0 = \frac{1}{1 + \displaystyle\sum_{k=1}^{\infty}\frac{\lambda_0 \lambda_1 \cdots \lambda_{k-1}}{\mu_1 \mu_2 \cdots \mu_k}} \tag{6.60}$$

となる.したがって,定常分布が存在する($\pi_k > 0 \ (k=0,1,2,\ldots)$ である)ための必要条件は,

$$1 + \sum_{k=1}^{\infty}\frac{\lambda_0 \lambda_1 \cdots \lambda_{k-1}}{\mu_1 \mu_2 \cdots \mu_k} < \infty \tag{6.61}$$

となる.式 (6.61) は,定常分布が存在するための十分条件でもあることが知られている.なお,状態空間が有限 $\{0,1,2,\ldots,K\}$ の場合は,

$$1 + \sum_{k=1}^{K}\frac{\lambda_0 \lambda_1 \cdots \lambda_{k-1}}{\mu_1 \mu_2 \cdots \mu_k} < \infty \tag{6.62}$$

となるため，定常分布は必ず存在する．

第7~9章では，本項で述べた手法を用いて，対象とするシステム内の人数（または呼数）の定常分布を導出する．そして，定常分布からさまざまな評価測度を得る．したがって，システムが定常状態にあることが前提となる．

演習問題

6.1 一般的な純出生過程において，次式が成り立つことを示せ．

$$\pi_0(t) = e^{-\lambda_0 t}$$
$$\pi_k(t) = \lambda_{k-1} e^{-\lambda_k t} \int_0^t e^{\lambda_k u} \pi_{k-1}(u)\, du \quad (k = 1, 2, 3, \ldots)$$

6.2 出生率 λ のポアソン過程 $\{X(t); t \geq 0\}$ に関する以下の問いに答えよ．

(1) 期間 $(0, t]$ 中の出生数が2以上である確率 $P(X(t) \geq 2)$ を求めよ．

(2) $\displaystyle\lim_{t \to 0} \frac{P(X(t) \geq 2)}{t}$ を求めよ．

(3) (2) の結果が意味することを説明せよ．

6.3 $\lambda_k = k\lambda\ (k = 0, 1, 2, \cdots)$, $\mu_k = k\mu\ (k = 1, 2, 3, \cdots)$ である出生死滅過程 $\{X(t); t \geq 0\}$ について，以下の問いに答えよ．

(1) 遷移速度行列 Q を求めよ．

(2) コルモゴロフの前進方程式を示せ．

(3) 時刻 t における状態の期待値 $E[X(t)] = \displaystyle\sum_{k=0}^{\infty} k\pi_k(t)$ が満足すべき微分方程式を求めよ．

(4) $E[X(0)] = i$ として，(3) の微分方程式を解け．

第7章 即時式交換線群

本章では，6.4.3項で示した手法を用いて，電話交換機のモデルである即時式交換線群における保留中の出線数の定常分布を導出する．そして，定常分布から，評価測度である呼損率，利用率を得る．即時式交換線群には，入線数の違いにより，エングセットのモデルとアーランのモデルの二つがある．前者のほうがより厳密であるが，モデルの簡潔さと安全側の（やや大きな）呼損率を示すことから，実際には後者が用いられている．

7.1 M/M/S/S/N

$N \times S$ 即時式交換線群を考える．$k\,(= 0, 1, 2, \ldots, S)$ 本の出線が保留中，すなわち状態が k であるとすると，呼が到着する可能性のある入線数は $N - k$ である．これらの各入線における呼の到着過程を到着率 ν のポアソン到着とする．すると，6.2.1項で述べた合流の性質から，このときの交換線群への呼の到着過程は到着率 $(N-k)\nu$ のポアソン到着となる．このような状態に依存するポアソン到着を**準ポアソン到着**（quasi Poisson arrival）という．ここで述べたような準ポアソン到着，指数サービスの $N \times S$ 即時式交換線群を**エングセットの即時式交換線群**（Engset loss system）という．対応する待ち行列システムのケンドール表記は M/M/S/S/N となる．図7.1に状態が k のときの待ち行列システムの図を示す．

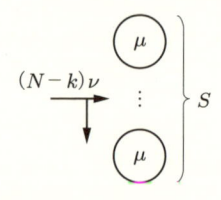

図 7.1　M/M/S/S/N 待ち行列システム（状態 k）

7.1.1 定常分布

即時式交換線群には待ち行列が存在しないので,保留中の出線数が状態となる.したがって,状態空間は $\{0, 1, 2, \ldots, S\}$ となる.

まず,状態遷移について考えよう.呼が到着,終了するたびに,状態はそれぞれ増加,減少するが,希少性により,微小時間中に到着,終了する呼数は高々1である.したがって,隣接する状態にしか遷移しないので,このモデルを出生死滅過程とみなすことができる.

次に,遷移速度について考えよう.上述のように,状態が $k\ (=0, 1, 2, \ldots, S-1)$ のときの到着率 λ_k は次式のようになる.

$$\lambda_k = (N-k)\nu \quad (k = 0, 1, 2, \ldots, S-1) \tag{7.1}$$

一方,状態が $k\ (=1, 2, 3, \ldots, S)$ のとき,最初の終了が起こるまでの時間はパラメータ $k\mu$ の指数分布に従う(演習問題7.1参照).よって,状態が k のときの終了率 μ_k は,次式のようになる.

$$\mu_k = k\mu \quad (k = 1, 2, 3, \ldots, S) \tag{7.2}$$

以上のことから,状態遷移速度図は図7.2のようになる.

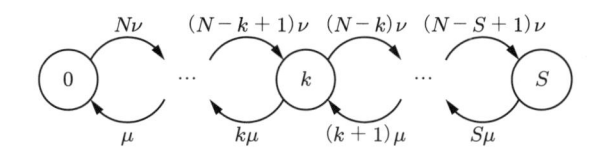

図 7.2 M/M/S/S/N の状態遷移速度図 ($N \geq S$)

それでは,6.4.3項で述べた手法により,定常分布を求めることにしよう.式(7.1),(7.2)を式(6.59)に代入すると,

$$\begin{aligned}\pi_k &= \frac{\lambda_0 \lambda_1 \cdots \lambda_{k-1}}{\mu_1 \mu_2 \cdots \mu_k} \pi_0 = \frac{N\nu \cdot (N-1)\nu \cdots (N-k+1)\nu}{\mu \cdot 2\mu \cdots k\mu} \pi_0 \\ &= \binom{N}{k} \left(\frac{\nu}{\mu}\right)^k \pi_0 \quad (k = 1, 2, 3, \ldots, S)\end{aligned} \tag{7.3}$$

となる.ここで,式(6.60)より

$$\pi_0 = \frac{1}{1 + \sum_{k=1}^{S} \frac{\lambda_0 \lambda_1 \cdots \lambda_{k-1}}{\mu_1 \mu_2 \cdots \mu_k}}$$

であるが，式 (7.3) より

$$\frac{\lambda_0\lambda_1\cdots\lambda_{k-1}}{\mu_1\mu_2\cdots\mu_k} = \binom{N}{k}\left(\frac{\nu}{\mu}\right)^k \quad (k=1,2,3,\ldots,S) \tag{7.4}$$

であるから，

$$\pi_0 = \frac{1}{1+\sum_{k=1}^{S}\binom{N}{k}\left(\frac{\nu}{\mu}\right)^k} = \frac{1}{\sum_{k=0}^{S}\binom{N}{k}\left(\frac{\nu}{\mu}\right)^k} \tag{7.5}$$

となる．式 (7.3)，(7.5) より，π_k は次式のようになる．

$$\pi_k = \frac{\binom{N}{k}\left(\frac{\nu}{\mu}\right)^k}{\sum_{i=0}^{S}\binom{N}{i}\left(\frac{\nu}{\mu}\right)^i} \quad (k=0,1,2,\ldots,S) \tag{7.6}$$

式 (7.6) を確率関数とする分布を**エングセット分布** (Engset distribution) という．なお，$S=N$ のとき，式 (7.6) は二項分布の確率関数となる（演習問題 7.2 参照）．

図 7.3 に，入線数 $N=100$，出線数 $S=10$，出線のサービス率 $\mu=0.2$，保留中でない入線での到着率 $\nu=0.01, 0.02, 0.03$ のときの定常分布を示す．

式 (7.6) で $k=S$ とおいた

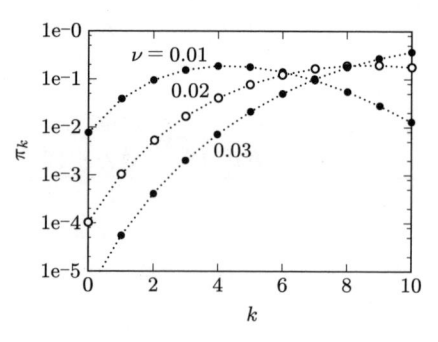

図 7.3　M/M/S/S/N の定常分布
　　　　($N=100,\ S=10,\ \mu=0.2$)

$$\pi_S = \frac{\binom{N}{S}\left(\frac{\nu}{\mu}\right)^S}{\sum_{i=0}^{S}\binom{N}{i}\left(\frac{\nu}{\mu}\right)^i} \tag{7.7}$$

は第三者が見る出線全塞がりの確率である．この確率を**時間輻輳率**（time congestion probability）という．

7.1.2 エングセットの損失式

エングセットの即時式交換線群では，呼の到着がポアソン到着ではないので，6.2.3項で述べた PASTA が成り立たない．到着呼が見る状態分布を導出して，そのことを確かめてみよう．

到着呼の見る状態が $k(=0,1,2,\ldots,S)$ である確率 b_k は，次式のように表される．

$$\begin{aligned} b_k &= \lim_{\Delta t \to 0} P(\text{状態が } k \mid \Delta t \text{ 中に呼が到着}) \\ &= \lim_{\Delta t \to 0} \frac{P(\text{状態が } k, \Delta t \text{ 中に呼が到着})}{P(\Delta t \text{ 中に呼が到着})} \\ &= \lim_{\Delta t \to 0} \frac{P(\text{状態が } k)P(\Delta t \text{ 中に呼が到着} \mid \text{状態が } k)}{P(\Delta t \text{ 中に呼が到着})} \end{aligned} \tag{7.8}$$

さて，状態が k であるときの到着率が $(N-k)\nu$ であることから，

$$P(\Delta t \text{ 中に呼が到着} \mid \text{状態が } k) = (N-k)\nu\Delta t + o(\Delta t) \tag{7.9}$$

である．状態についての条件を外すと，

$$P(\Delta t \text{ 中に呼が到着}) = \sum_{k=0}^{S} \pi_k (N-k)\nu\Delta t + o(\Delta t) \tag{7.10}$$

となる．したがって，

$$b_k = \lim_{\Delta t \to 0} \frac{\pi_k (N-k)\nu\Delta t + o(\Delta t)}{\sum_{i=0}^{S} \pi_i (N-i)\nu\Delta t + o(\Delta t)} \tag{7.11}$$

となる．式 (7.3) を利用すると，

$$\pi_k(N-k)\nu\Delta t = \binom{N}{k}\left(\frac{\nu}{\mu}\right)^k \pi_0(N-k)\nu\Delta t$$

$$= \frac{N!}{k!(N-k)!}(N-k)\left(\frac{\nu}{\mu}\right)^k \pi_0 \nu\Delta t$$

$$= \frac{N(N-1)!}{k!(N-k-1)!}\left(\frac{\nu}{\mu}\right)^k \pi_0 \nu\Delta t$$

$$= N\binom{N-1}{k}\left(\frac{\nu}{\mu}\right)^k \pi_0 \nu\Delta t \tag{7.12}$$

であるから，式 (7.12) を式 (7.11) に代入すると，次式が得られる．

$$b_k = \frac{\binom{N-1}{k}\left(\frac{\nu}{\mu}\right)^k}{\sum_{i=0}^{S}\binom{N-1}{i}\left(\frac{\nu}{\mu}\right)^i} \quad (k=0,1,2,\ldots,S) \tag{7.13}$$

これは，式 (7.6) において，N を $N-1$ に置き換えたものとなっている．到着呼は，自身が使用しない $N-1$ 本の入線のふるまいを，第三者として見ているのである．

式 (7.13) において，$k=S$ としたものが，到着呼が見る出線全塞がりの確率である．この確率を**呼輻輳率**（call congestion probability）または呼損率という（付録 F 参照）．したがって，呼損率 B は次式のようになる．

$$B = b_S = \frac{\binom{N-1}{S}\left(\frac{\nu}{\mu}\right)^S}{\sum_{i=0}^{S}\binom{N-1}{i}\left(\frac{\nu}{\mu}\right)^i} \tag{7.14}$$

式 (7.14) を**エングセットの損失式**（Engset's loss formula）という．エングセットの損失式を G_S と表記すると，

$$G_S = \begin{cases} 1 & (S=0) \\ \dfrac{(N-S)\nu G_{S-1}}{S\mu + (N-S)\nu G_{S-1}} & (S=1,2,3,\ldots) \end{cases} \tag{7.15}$$

という漸化式が成立する（演習問題 7.3 参照）．

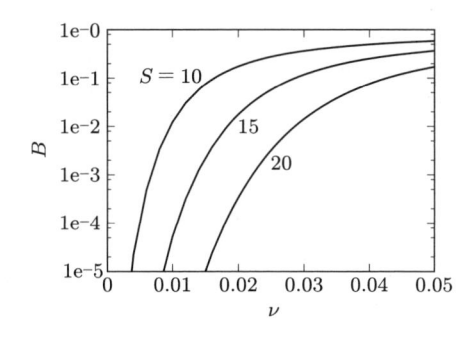

図 7.4 M/M/S/S/N における呼損率 B と保留中でない入線での到着率 ν の関係（$N = 100$, $\mu = 0.2$）

図 7.4 に，出線のサービス率 $\mu = 0.2$，入線数 $N = 100$，出線数 $S = 10, 15, 20$ のときの呼損率 B と保留中でない入線での到着率 ν の関係を示す．

例 7.1（2 町間の電話回線数）

第 1 章の問題 1 について考える．

まず，保留時間が平均 5 分であるから，出線のサービス率 $\mu = 1/5$ [呼/分] である．また，1 分あたり呼が 2 回発生するので，到着率 $\lambda = 2$ [呼/分] である．しかし，入線数 N，保留中でない入線での到着率 ν が与えられていない．後に示す式 (7.16) より，

$$\lambda = \sum_{k=0}^{S}(N-k)\nu\pi_k$$

であるが，N が S に比べて十分大きいときは，$N - k \simeq N$ であるから，$\lambda = N\nu$ とみなすことができる．ここでは，仮に $N = 1200$，$\nu = 1/600$ [呼/分] としておこう．N, μ, ν の値をエングセットの損失式 (7.14) に代入し，いくつかの S について，呼損率 B を計算すると次の表のようになる．

S	B
14	5.436777×10^{-2}
15	3.455531×10^{-2}
16	2.086450×10^{-2}
17	1.195472×10^{-2}
18	6.499371×10^{-3}

したがって，呼損率を 0.01 以下にするためには，18 本以上の回線が必要となる．

7.1.3 利用率

式 (3.19) に示したとおり，利用率 η は

$$\eta = \frac{a(1-B)}{S}$$

である．しかし，エングセットの即時式交換線群では，加わる呼量 a が陽に与えられていない．そこで，呼の到着率 λ が

$$\lambda = \sum_{k=0}^{S} \lambda_k \pi_k = \sum_{k=0}^{S} (N-k)\nu \pi_k \qquad (7.16)$$

となることから，式 (3.13) より，加わる呼量 a を求めると

$$a = \frac{\lambda}{\mu} = \frac{\nu}{\mu} \sum_{k=0}^{S} (N-k)\pi_k \qquad (7.17)$$

となる．

図 7.5 に，出線のサービス率 $\mu = 0.2$，入線数 $N = 100$，出線数 $S = 10, 15, 20$ のときの利用率 η と保留中でない入線での到着率 ν の関係を示す．

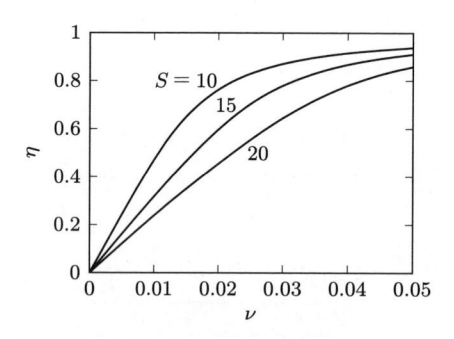

図 7.5 M/M/S/S/N における利用率 η と保留中でない入線での到着率 ν の関係 ($N = 100$, $\mu = 0.2$)

なお，式 (3.16) より

$$a_c = \sum_{k=0}^{S} k\pi_k \qquad (7.18)$$

であるが，このことを利用して式 (7.17) を変形すると，

$$a = \frac{\nu}{\mu}\left(N\sum_{k=0}^{S}\pi_k - \sum_{k=0}^{S}k\pi_k\right) = \frac{\nu}{\mu}(N - a_{\rm c})$$
$$= \frac{\nu}{\mu}(\,N - a(1-B)\,) \tag{7.19}$$

となるので，これを a について解くと次式が得られる．

$$a = \frac{\nu N}{\mu + \nu(1-B)} \tag{7.20}$$

加わる呼量 a は呼損率 B に依存するのである．ここで，$S \geq N$ ならば，呼損がなくなるので，そのときの a を $a_{\rm s}$ とおくと，

$$a_{\rm s} = \frac{\nu N}{\mu + \nu} \tag{7.21}$$

となる．これが真の需要であり，$a_{\rm s}$ を **呼源の呼量**（intended offered load）という．

7.2 M/M/S/S

交換線群への呼の到着過程をポアソン到着とした即時式交換線群を**アーラン**の**即時式交換線群**（Erlang loss system）という．ケンドール表記は M/M/S/S である．これは，エングセットの即時式交換線群において，$\dfrac{N\nu}{\mu}$（$= a$ とおく）を一定に保ったままで $N \to \infty$ とした場合と等価である（演習問題 7.4 参照）．図 7.6 に待ち行列システムの図を示す．

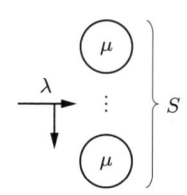

図 7.6　M/M/S/S 待ち行列システム

現実には入線数が無限大ということはありえない．しかし，このような仮定をおくと，加わる呼量 a と呼源の呼量 $a_{\rm s}$ が等しくなって呼損率 B に依存せず，さらに，エングセットの即時式交換線群に比べて安全側の（やや大きな）呼損率を示すことから，実

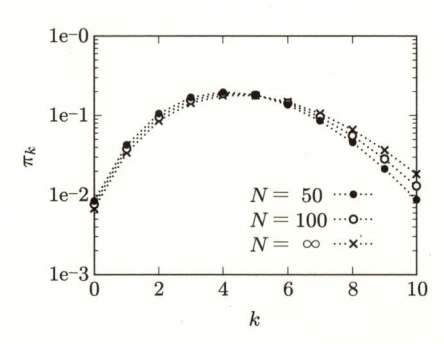

図 7.7 　M/M/S/S/N の定常分布 $\left(S = 10, \dfrac{N\nu}{\mu} = 5\right)$

際にはアーランの即時式交換線群が用いられている．参考のため，図 7.7 に，$S = 10$, $\dfrac{N\nu}{\mu} = 5$ で N を 50, 100, ∞ とした場合のエングセットの即時式交換線群の定常分布を示す．

7.2.1 　定常分布

ポアソン到着であるから，到着率は状態に依存せず，

$$\lambda_k = \lambda \qquad (k = 0, 1, 2, \ldots, S-1) \tag{7.22}$$

である．一方，状態 k における終了率 μ_k は，エングセットの即時式交換線群と同様，

$$\mu_k = k\mu \qquad (k = 1, 2, 3, \ldots, S) \tag{7.23}$$

である．したがって，状態遷移速度図は図 7.8 のようになる．

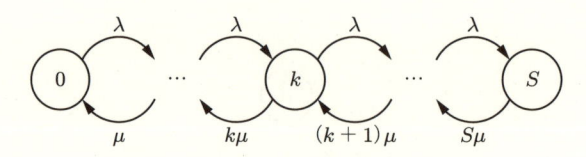

図 7.8 　M/M/S/S の状態遷移速度図

式 (7.22), (7.23) を式 (6.59) に代入すると，

$$\pi_k = \frac{\lambda_0 \lambda_1 \cdots \lambda_{k-1}}{\mu_1 \mu_2 \cdots \mu_k} \pi_0 = \frac{\lambda \cdot \lambda \cdots \lambda}{\mu \cdot 2\mu \cdots k\mu} \pi_0 = \frac{1}{k!} \left(\frac{\lambda}{\mu}\right)^k \pi_0$$

$$= \frac{a^k}{k!} \pi_0 \qquad (k = 1, 2, 3, \ldots, S) \tag{7.24}$$

となる．ここで，式 (6.60) より，

$$\pi_0 = \frac{1}{1+\displaystyle\sum_{k=1}^{S}\frac{\lambda_0\lambda_1\cdots\lambda_{k-1}}{\mu_1\mu_2\cdots\mu_k}} = \frac{1}{1+\displaystyle\sum_{k=1}^{S}\frac{1}{k!}\left(\frac{\lambda}{\mu}\right)^k}$$

$$= \frac{1}{\displaystyle\sum_{k=0}^{S}\frac{a^k}{k!}} \tag{7.25}$$

となる．したがって，π_k は次式のようになる．

$$\pi_k = \frac{\dfrac{a^k}{k!}}{\displaystyle\sum_{i=0}^{S}\frac{a^i}{i!}} \quad (k=0,1,2,\ldots,S) \tag{7.26}$$

図 7.9 に，出線数 $S=10$，加わる呼量 $a=5,10,15$ のときの定常分布を示す．

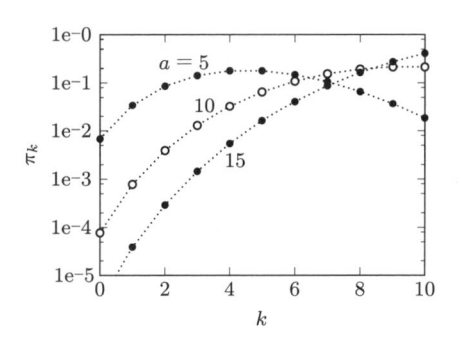

図 7.9 M/M/S/S の定常分布（$S=10$）

式 (7.26) で $S \to \infty$ とすると，

$$\pi_k = \frac{a^k}{k!}e^{-a} \quad (k=0,1,2,\ldots) \tag{7.27}$$

となるが，これはパラメータ a のポアソン分布の確率関数である．したがって，式 (7.26) は，S で打ち切られたポアソン分布 (truncated Poisson distribution)[1]，す

---

[1] 式 (7.6) をエンゲセット分布の確率関数というのに対応して，式 (7.26) をアーラン分布の確率関数ということもある．

なわち，$k = 0, 1, 2, \ldots, S$ に限定して $\sum_{k=0}^{S} \pi_k = 1$ となるように正規化されたポアソン分布の確率関数である．

式 (7.26) において $k = S$ とすると，次式に示す時間輻輳率 π_S が得られる．

$$\pi_S = \frac{\dfrac{a^S}{S!}}{\sum_{i=0}^{S} \dfrac{a^i}{i!}} \tag{7.28}$$

7.2.2 アーラン B 式

前節では，第三者が見る定常分布を導出した．ここでは，到着呼が見る状態分布について考えよう．式 (7.8) に示したように，到着呼の見る状態が $k\,(= 0, 1, 2, \ldots, S)$ である確率 b_k は，

$$b_k = \lim_{\Delta t \to 0} \frac{P(\text{状態が } k) P(\Delta t \text{ 中に呼が到着} \mid \text{状態が } k)}{P(\Delta t \text{ 中に呼が到着})}$$

である．ここで，呼の到着はポアソン到着であるから，微小時間 Δt 中に呼が到着する確率は状態に依存しない．すなわち，

$$P(\Delta t \text{ 中に呼が到着} \mid \text{状態が } k) = P(\Delta t \text{ 中に呼が到着}) \tag{7.29}$$

である．したがって，

$$b_k = P(\text{状態が } k) = \pi_k \quad (k = 0, 1, 2, \ldots, S) \tag{7.30}$$

となる．これは，到着呼が見る定常分布と第三者が見るそれが等しいことを意味しており，PASTA の具体例となっている．したがって，時間輻輳率 π_S は，呼輻輳率 b_S すなわち呼損率 B に等しいので，次式が成立する．

$$B = b_S = \pi_S = \frac{\dfrac{a^S}{S!}}{\sum_{i=0}^{S} \dfrac{a^i}{i!}} \tag{7.31}$$

式 (7.31) を**アーラン B 式** (Erlang's B formula) または**アーランの損失式** (Erlang's loss formula) という．アーラン B 式を B_S と表記すると，

$$B_S = \begin{cases} \dfrac{aB_{S-1}}{S+aB_{S-1}} & (S=1,2,3,\ldots) \\ 1 & (S=0) \end{cases} \tag{7.32}$$

のような漸化式が成立する（演習問題 7.5 参照）．

図 7.10 に，入線数 $S=10,15,20$ のときの呼損率 B と加わる呼量 a の関係を示す．

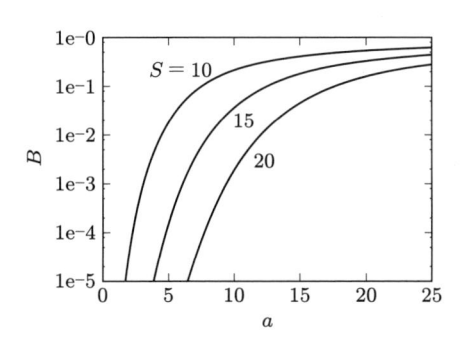

図 7.10 M/M/S/S における呼損率 B と加わる呼量 a の関係

例 7.2（2 町間の電話回線数）

再び第 1 章の問題 1 について考える．

呼の到着率 $\lambda = 2$ [呼/分]，平均保留時間 $h = 5$ [分] であるから，加わる呼量 $a = \lambda h = 2 \times 5 = 10$ [erl] である．

付録 H のアーラン B 式負荷表を利用して解いてみよう．これは図 7.12 の負荷曲線（7.2.4 項参照）の数表で，出線数 S と呼損率 B $(= B_S)$ が与えられたときの加わる呼量 a を表している．負荷表で呼損率が 0.01 の列を上からたどると，$S \geq 18$ のとき $a \geq 10$ となる．したがって，呼損率を 0.01 以下にするためには 18 本以上の回線が必要である．

7.2.3 利用率

式 (3.19) に示したとおり，利用率 η は次式のようになる．

$$\eta = \frac{a(1-B)}{S}$$

図 7.11 に，入線数 $S = 10, 15, 20$ のときの利用率 η と加わる呼量 a の関係を示す．

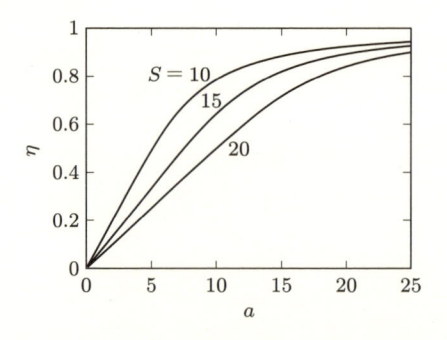

図7.11 M/M/S/S における利用率 η と加わる呼量 a の関係

7.2.4 大群化効果

図7.12 に，呼損率 B を固定したときの加わる呼量 a と出線数 S の関係を示す．このような曲線を**負荷曲線**（load curve）という．負荷曲線は，想定される需要（加わる呼量）に対して，指定の呼損率を達成するために用意しなければならない出線数を求めるのに利用されている．図7.12 では，$B = 0.1, 0.01, 0.001$ の負荷曲線を示している．これより読み取ることのできる呼損率についての傾向は，次の二点である．

(a) 出線数を固定すると，加わる呼量の増加に伴って呼損率も増加する
(b) 加わる呼量を固定すると，出線数の増加に伴って呼損率は減少する

図7.13 に，呼損率 B を固定したときの利用率 η と出線数 S の関係を示す．利用率についての傾向は，次の二点である．

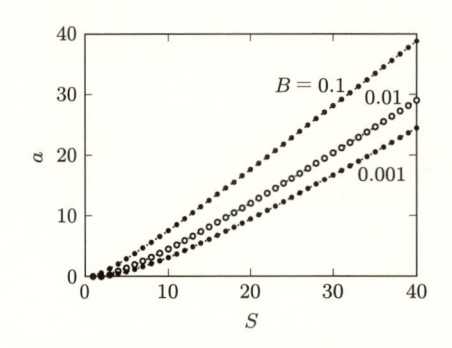

図7.12 M/M/S/S の負荷曲線　　図7.13 M/M/S/S において呼損率 B が与えられたときの利用率 η と出線数 S の関係

(1) 出線数を固定すると，呼損率が大きいほど利用率も大きい
(2) 呼損率を固定すると，出線数の増加に伴って利用率も増加する

ここで，(1) のように出線数一定で呼損率が増加する場合，(2) のように呼損率一定で出線数を増加させる場合のいずれにおいても，図 7.12 より，加わる呼量は増加する．したがって，(1) により利用率の向上を図るということは，需要が増加しているのに出線数を増やさないことであり，これでは顧客の理解は得られない．これに対して，(2) により利用率を向上させるためには，より多くの入線を 1 台の大規模な交換機に集約することが考えられる．大規模化により利用率が向上することは，交換機に限らず，さまざまな機械や施設などに共通する性質である．このような性質を**大群化効果**（economy of scale）という．

演習問題

7.1 互いに独立な確率変数 $X_1, X_2, \ldots, X_n$ が，それぞれパラメータ $\mu_1, \mu_2, \ldots, \mu_n$ の指数分布に従うとする．以下の問いに答えよ．
(1) $\min[X_1, X_2, \ldots, X_n]$ の分布関数 $F_{\min}(x)$ を求めよ．
(2) $\max[X_1, X_2, \ldots, X_n]$ の分布関数 $F_{\max}(x)$ を求めよ．

7.2 $N \times S$ のエングセットの即時式交換線群において保留されている出線数を X とする．$S = N$ のとき，X は二項分布に従うことを示せ．

7.3 式 (7.15) が成立することを示せ．

7.4 エングセットの即時式交換線群において，$\dfrac{N\nu}{\mu}$ （$= a$ とおく）を一定に保ったままで $N \to \infty$ とすると，定常分布はアーランの即時式交換線群のそれに限りなく近づくことを示せ．

7.5 式 (7.32) が成立することを示せ．

第8章 待時式交換線群

前章で述べた即時式交換線群に待ち行列を付加したものが待時式交換線群である．呼が到着したときに出線がすべて保留中であっても，待機場所に余裕があれば，その呼は出線があくまで待つことができる．電話による問い合わせが集中するコールセンターなどに設置されている交換機の多くが，待時式となっている．本章では，待ち行列長に制限がない $M/M/S$ と制限がある $M/M/S/K$ を解析するが，その手法は前章と同様である．

8.1 $M/M/S$

アーランの即時式交換線群に長さに制限のない待ち行列を付加したものを**アーランの待時式交換線群**（Erlang waiting system）という．ポアソン到着，指数サービス，出線数 S で，待ち行列長に制限はないため，そのケンドール表記は $M/M/S$ となる．図 8.1 に待ち行列システムの図を示す．

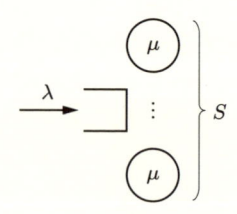

図 8.1 $M/M/S$ 待ち行列システム

本節では，定常分布，利用率に加えて，待ちに関する評価測度である平均待ち行列長，平均待ち時間，および待ち時間分布を導出する．

8.1.1 定常分布

待時式交換線群の解析では，保留中の出線数と待ち呼数の和を状態とする．上述のように，待ち行列長に制限がないので，状態空間は $\{0, 1, 2, \ldots\}$ となる．

8.1 M/M/S

状態 k における到着率 λ_k,終了率 μ_k は,それぞれ

$$\lambda_k = \lambda \quad (k=0,1,2,\ldots) \tag{8.1}$$

$$\mu_k = \begin{cases} k\mu & (k=1,2,3,\ldots,S-1) \\ S\mu & (k=S,S+1,S+2,\ldots) \end{cases} \tag{8.2}$$

である.図 8.2 に状態遷移速度図を示す.

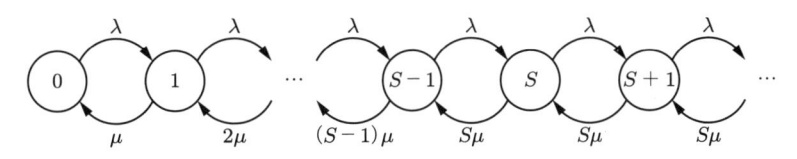

図 8.2 M/M/S の状態遷移速度図

式 (8.1),(8.2) を式 (6.59) に代入すると,$k \leq S$ のとき,π_k は次式のようになる.

$$\pi_k = \frac{\lambda_0 \lambda_1 \cdots \lambda_{k-1}}{\mu_1 \mu_2 \cdots \mu_k}\pi_0 = \frac{\lambda}{\mu}\frac{\lambda}{2\mu}\cdots\frac{\lambda}{k\mu}\pi_0 = \frac{1}{k!}\left(\frac{\lambda}{\mu}\right)^k \pi_0$$

$$= \frac{a^k}{k!}\pi_0 \quad (k=1,2,3,\ldots,S) \tag{8.3}$$

一方,$k \geq S$ のとき,π_k は次式のようになる.

$$\pi_k = \frac{\lambda_0 \lambda_1 \cdots \lambda_{k-1}}{\mu_1 \mu_2 \cdots \mu_k}\pi_0 = \frac{\lambda}{\mu}\frac{\lambda}{2\mu}\cdots\frac{\lambda}{(S-1)\mu}\underbrace{\frac{\lambda}{S\mu}\cdots\frac{\lambda}{S\mu}}_{k-S+1}\pi_0$$

$$= \frac{1}{S!S^{k-S}}\left(\frac{\lambda}{\mu}\right)^k \pi_0 = \frac{a^k}{S!S^{k-S}}\pi_0 = \frac{a^S}{S!}\left(\frac{a}{S}\right)^{k-S}\pi_0$$

$$= \frac{a^S}{S!}\rho^{k-S}\pi_0 = \rho^{k-S}\pi_S \quad (k=S,S+1,S+2,\ldots) \tag{8.4}$$

π_0 については,式 (6.60) より,次式のようになる.

$$\pi_0 = \frac{1}{1+\sum_{k=1}^{\infty}\frac{\lambda_0 \lambda_1 \cdots \lambda_{k-1}}{\mu_1 \mu_2 \cdots \mu_k}} = \frac{1}{1+\sum_{k=1}^{S-1}\frac{\lambda_0 \lambda_1 \cdots \lambda_{k-1}}{\mu_1 \mu_2 \cdots \mu_k}+\sum_{k=S}^{\infty}\frac{\lambda_0 \lambda_1 \cdots \lambda_{k-1}}{\mu_1 \mu_2 \cdots \mu_k}}$$

$$= \cfrac{1}{1+\sum_{k=1}^{S-1}\cfrac{a^k}{k!}+\cfrac{a^S}{S!}\sum_{k=S}^{\infty}\rho^{k-S}} = \cfrac{1}{1+\sum_{k=1}^{S-1}\cfrac{a^k}{k!}+\cfrac{a^S}{S!}\sum_{i=0}^{\infty}\rho^{i}}$$

$$= \cfrac{1}{\sum_{k=0}^{S-1}\cfrac{a^k}{k!}+\cfrac{a^S}{S!}\sum_{i=0}^{\infty}\rho^{i}} = \cfrac{1}{\sum_{k=0}^{S}\cfrac{a^k}{k!}+\cfrac{a^S}{S!}\sum_{i=1}^{\infty}\rho^{i}} \tag{8.5}$$

定常分布が存在するための条件は,分母が有限の値となることであるので,

$$\rho < 1 \tag{8.6}$$

である.このとき,π_0 は次式のようになる.

$$\pi_0 = \cfrac{1}{\sum_{k=0}^{S-1}\cfrac{a^k}{k!}+\cfrac{a^S}{S!}\cfrac{1}{1-\rho}} = \cfrac{1}{\sum_{k=0}^{S}\cfrac{a^k}{k!}+\cfrac{a^S}{S!}\cfrac{\rho}{1-\rho}}$$

$$= \cfrac{1}{\sum_{k=0}^{S-1}\cfrac{a^k}{k!}+\cfrac{a^S}{S!}\cfrac{S}{S-a}} = \cfrac{1}{\sum_{k=0}^{S}\cfrac{a^k}{k!}+\cfrac{a^S}{S!}\cfrac{a}{S-a}} \tag{8.7}$$

図 8.3 に $S = 20$, $\mu = 1.0$ のときの定常分布を示す.

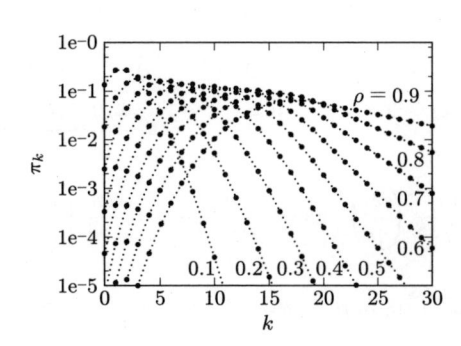

図 8.3 M/M/S の定常分布 ($S = 20$, $\mu = 1.0$)

8.1.2 利用率

容量無限大の待時式交換線群では呼損が起こらないので,式 (3.22) より,利用率 η は次式のようになる.

$$\eta = \rho \tag{8.8}$$

8.1.3 アーランC式

待ち時間の補分布関数を $W_q^c(t)$ と表記する.すると,$W_q^c(0)$ は待ちが発生する確率であり,これを**待ち率**(waiting probability)という.到着呼の見る状態が S 以上のとき待ちが発生することと PASTA の性質より,待ち率 $W_q^c(0)$ は次式のようになる.

$$W_q^c(0) = \sum_{k=S}^{\infty} \pi_k = \frac{a^S}{S!} \sum_{k=S}^{\infty} \rho^{k-S} \pi_0 = \frac{a^S}{S!} \sum_{i=0}^{\infty} \rho^i \pi_0$$

$$= \frac{a^S}{S!} \frac{1}{1-\rho} \pi_0 = \frac{1}{1-\rho} \pi_S$$

$$= \frac{a^S}{S!} \frac{S}{S-a} \pi_0 = \frac{S}{S-a} \pi_S \tag{8.9}$$

式 (8.9) を**アーランC式**(Erlang's C formula)または**アーランの待合せ式**(Erlang's delay formula)という.以下,アーランC式を C_S と表記する.図 8.4 に待ち率 C_S と負荷 ρ の関係を示す.また,図 8.5 に待ち率 C_S を固定したときの加わる呼量 a と出線数 S の関係を示す

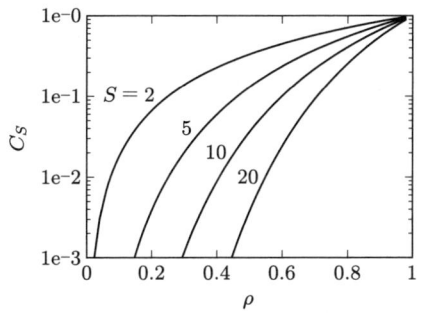

図 8.4 M/M/S における待ち率 C_S と負荷 ρ の関係

図 8.5 M/M/S の負荷曲線

アーランC式はアーランB式 (7.31) を用いて,

$$C_S = \frac{SB_S}{S - a(1-B_S)} \tag{8.10}$$

と表される(演習問題 8.2 参照).また,両式の間には,

$$\frac{1}{C_S} = \frac{1}{B_S} - \frac{1}{B_{S-1}} \tag{8.11}$$

という関係がある（演習問題 8.3 参照）.

> **例 8.1**（コールセンターの応対用回線数）
> 第 1 章の問題 2 について考える.
> 1 時間あたり 50 呼到着するので，到着率 $\lambda = 50/60$ [呼/分] である．また，平均保留時間 $h = 10$ [分] である．したがって，加わる呼量 $a = \lambda h = 50/6 \simeq 8.33$ [erl] である.
> 付録 I のアーラン C 式負荷表を利用する．これは図 8.5 の負荷曲線の数表で，出線数 S と待ち率 $W_q^c(0)\,(=C_S)$ が与えられたときの加わる呼量 a を表している．表で待ち率が 0.1 の列を上からたどると，$S \geq 13$ のとき $a \geq 50/6$ となる．したがって，待ち率を 0.1 以下にするためには，13 本以上の応対用回線が必要である.

8.1.4 平均待ち行列長

状態が $k\,(\geq S)$ のときの待ち行列長が $k - S$ であるから，平均待ち行列長 $E[L_q]$ は次式のようになる.

$$E[L_q] = \sum_{k=S}^{\infty}(k-S)\pi_k = \frac{a^S}{S!}\pi_0 \sum_{k=S}^{\infty}(k-S)\rho^{k-S}$$

$$= \frac{a^S}{S!}\pi_0 \sum_{i=0}^{\infty} i\rho^i = \frac{a^S}{S!}\pi_0 \frac{\rho}{(1-\rho)^2}$$

$$= C_S \frac{\rho}{1-\rho} = C_S \frac{a}{S-a} \tag{8.12}$$

8.1.5 平均待ち時間

リトルの公式 (4.13) より，平均待ち時間 $E[W_q]$ は次式のようになる.

$$E[W_q] = \frac{E[L_q]}{\lambda} = C_S \frac{1}{S\mu}\frac{1}{1-\rho} = C_S \frac{1}{\mu}\frac{1}{S-a} \tag{8.13}$$

図 8.6 に平均待ち時間 $E[W_q]$ と負荷 ρ の関係を示す．$\mu = 0.1, 1.0$ の場合をそれぞれ実線，破線で表現している.

8.1.6 待ち時間分布

前項までの議論では，サービス順序についてとくに言及していなかったことに注意してほしい．一般に，待ち行列システムにおいて，

(1) サービス時間が互いに独立で同一の分布に従う

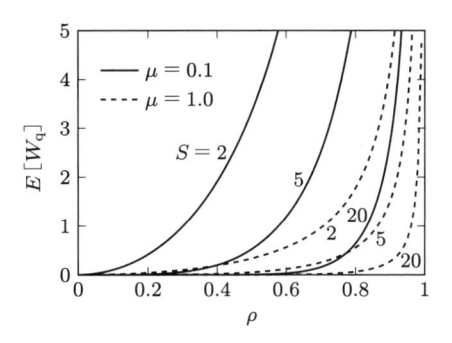

図 8.6　M/M/S における平均待ち時間 $E[W_\mathrm{q}]$ と負荷 ρ の関係

(2) サービス順序がサービス時間に依存しない
(3) ある客のサービス中に他の客が割り込むことはない
(4) システム内に客がいる限り，サーバが休むことはない

がすべて満足されていれば，待ち時間の平均はサービス順序に依存しない．しかし，分散や分布はサービス順序に依存する．本書では，待ち時間やシステム時間の分布を検討する際には，そのサービス順序は先着順とする．

さて，アーランの待時式交換線群に到着した呼が見た状態が $S+i$ であったとする．このうち S 呼は出線を保留しているので，待ち行列長は i である．到着呼は $i+1$ 呼終了するまで待たなければならないが，この間 S 本の出線は絶えず保留されたままである．したがって，この間の呼の終了過程を出生率 $S\mu$ のポアソン過程とみなすことができる．到着時刻を 0 とおくと，時刻 t までに終了した呼数が i 以下であれば，待ち時間 W_q は t よりも大きくなるので，その確率は次式のようになる．

$$P(W_\mathrm{q} > t \mid 到着呼の見る状態が S+i) = \sum_{j=0}^{i} \frac{(S\mu t)^j}{j!} e^{-S\mu t} \qquad (8.14)$$

PASTA の性質を利用して条件を外すと，待ち時間の補分布関数 $W_\mathrm{q}^\mathrm{c}(t)$ が次式のように得られる．

$$\begin{aligned} W_\mathrm{q}^\mathrm{c}(t) &= \sum_{i=0}^{\infty} \pi_{S+i} P(W_\mathrm{q} > t \mid 到着呼の見る状態が S+i) \\ &= \pi_S \sum_{i=0}^{\infty} \rho^i \sum_{j=0}^{i} \frac{(S\mu t)^j}{j!} e^{-S\mu t} \end{aligned} \qquad (8.15)$$

ここで，

$$\sum_{i=0}^{\infty} x_i \sum_{j=0}^{i} y_j = x_0 y_0 + x_1(y_0+y_1) + x_2(y_0+y_1+y_2) + \cdots$$
$$= y_0(x_0+x_1+\cdots) + y_1(x_1+x_2+\cdots)$$
$$+ y_2(x_2+x_3+\cdots) + \cdots$$
$$= \sum_{j=0}^{\infty} y_j \sum_{i=j}^{\infty} x_i \tag{8.16}$$

であるから，これを利用して，式変形を続けると次式のようになる．

$$W_{\mathrm{q}}^{\mathrm{c}}(t) = e^{-S\mu t}\pi_S \sum_{j=0}^{\infty}\frac{(S\mu t)^j}{j!}\sum_{i=j}^{\infty}\rho^i = e^{-S\mu t}\pi_S \sum_{j=0}^{\infty}\frac{(S\mu t)^j}{j!}\rho^j \sum_{l=0}^{\infty}\rho^l$$
$$= e^{-S\mu t}\pi_S \sum_{j=0}^{\infty}\frac{(\lambda t)^j}{j!}\sum_{l=0}^{\infty}\rho^l = e^{-(S\mu-\lambda)t}\pi_S \frac{1}{1-\rho}$$
$$= C_S e^{-(S\mu-\lambda)t} = C_S e^{-(1-\rho)S\mu t} \tag{8.17}$$

図 8.7 に $S=20$, $\mu=1.0$ のときの待ち時間の補分布を示す．

ここで示したような待ち時間分布や後述のシステム時間分布を求めるためには，到着呼が見る定常分布が必要となる．PASTA が成立すれば，定常分布が使えるので，非常に都合がよい．

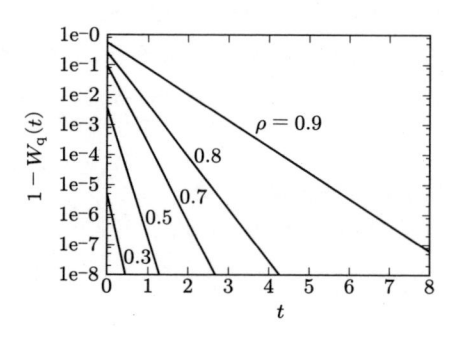

図 8.7 M/M/S における待ち時間の補分布 ($S=20$, $\mu=1.0$)

8.2 M/M/S/K

アーランの待時式交換線群では待ち行列長に制限はないが，現実には制限が存在する．そこで，本節では交換線群内呼数の最大が $K\ (>S)$，すなわち最大待ち行列長

8.2 M/M/S/K

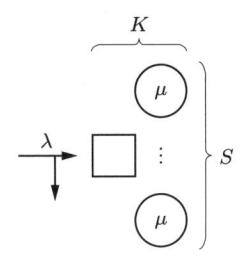

図 8.8 M/M/S/K 待ち行列システム

$K - S$ の待時式交換線群について考える．本節で検討する待時式交換線群は，ケンドールの表記では M/M/S/K となる．図 8.8 に待ち行列システムの図を示す．

8.2.1 定常分布

状態空間は $\{0, 1, 2, \ldots, K\}$ である．状態 k における到着率 λ_k，終了率 μ_k は，それぞれ

$$\lambda_k = \lambda \qquad (k = 0, 1, 2, \ldots, K-1) \tag{8.18}$$

$$\mu_k = \begin{cases} k\mu & (k = 1, 2, 3, \ldots, S-1) \\ S\mu & (k = S, S+1, S+2, \ldots, K) \end{cases} \tag{8.19}$$

である．図 8.9 に状態遷移速度図を示す．

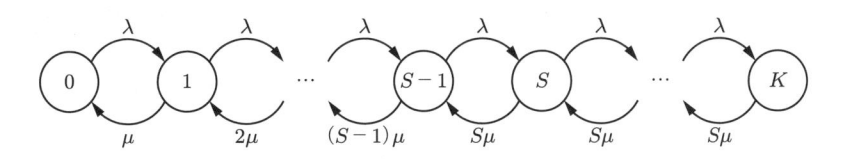

図 8.9 M/M/S/K の状態遷移速度図

8.1.1 項と同様にして，

$$\pi_k = \begin{cases} \dfrac{a^k}{k!} \pi_0 & (k = 0, 1, 2, \ldots, S-1) \\ \dfrac{a^S}{S!} \rho^{k-S} \pi_0 = \rho^{k-S} \pi_S & (k = S, S+1, S+2, \ldots, K) \end{cases} \tag{8.20}$$

となる．ここで，

$$\sum_{k=0}^{K} \pi_k = 1 \tag{8.21}$$

であるから，π_0 は次式のように表される．

$$\pi_0 = \frac{1}{\sum_{k=0}^{S-1} \frac{a^k}{k!} + \frac{a^S}{S!} \sum_{i=0}^{K-S} \rho^i} = \frac{1}{\sum_{k=0}^{S} \frac{a^k}{k!} + \frac{a^S}{S!} \sum_{i=1}^{K-S} \rho^i} \tag{8.22}$$

状態数が有限なので，定常分布は必ず存在することに注意されたい．したがって，$\rho > 1$，すなわち過負荷であっても解析上は差し支えない．

図 8.10 に $S = 20$, $K = 30$ のときの定常分布を示す．

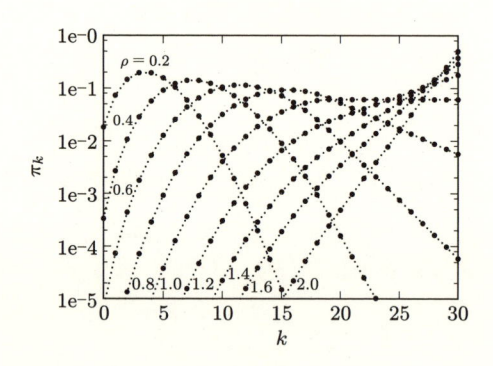

図 8.10　M/M/S/K の定常分布 ($S = 20$, $K = 30$)

8.2.2　呼損率

PASTA が成立するので，呼損率 B は次式のようになる．

$$B = \pi_K = \frac{a^S}{S!} \rho^{K-S} \pi_0 = \rho^{K-S} \pi_S \tag{8.23}$$

$K = S$ のとき，アーラン B 式 (7.31) となる．

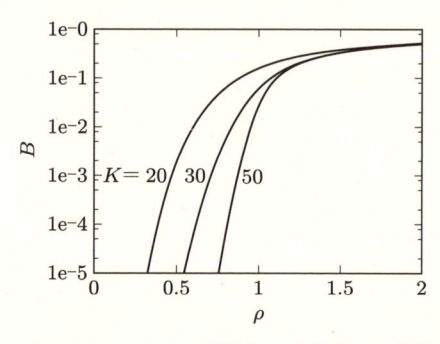

図 8.11　M/M/S/K における呼損率 B と負荷 ρ の関係 ($S = 20$)

図 8.11 に $S=20$, $K=20, 30, 50$ のときの呼損率 B と負荷 ρ の関係を示す．

例 8.2（コールセンターにおける呼損率）

例 8.1 により，第 1 章の問題 2 において必要な応対用回線数が 13 以上であることがわかった．ここでは，応対用回線数 $S=13$ として，最大待ち行列長 $K-S$ を増加させた場合の呼損率 B を計算してみよう．

到着率 $\lambda = 50/60$ [呼/分]，サービス率 $\mu = 1/10$ [呼/分] とすると，加わる呼量 $a = \lambda/\mu = 50/6$ [erl]，負荷 $\rho = a/S = 50/(6 \times 13)$ となる．a, ρ の値を式 (8.23) に代入し，いくつかの K について，呼損率 B を計算すると次の表のようになる．

K	$K-S$	B
13	0	3.778255×10^{-2}
14	1	2.364687×10^{-2}
15	2	1.493191×10^{-2}
16	3	9.480986×10^{-3}
17	4	6.040842×10^{-3}
18	5	3.857397×10^{-3}

この場合，最大待ち行列長を 0 から 5 にすることで，呼損率を約 90% 下げることができることがわかる．

8.2.3 利用率

式 (3.19) より，利用率 η は次式のようになる．

$$\eta = \frac{a(1-B)}{S} = \rho(1-B) \tag{8.24}$$

図 8.12 に $S=20$, $K=20, 30, 50$ のときの利用率 η と負荷 ρ の関係を示す．

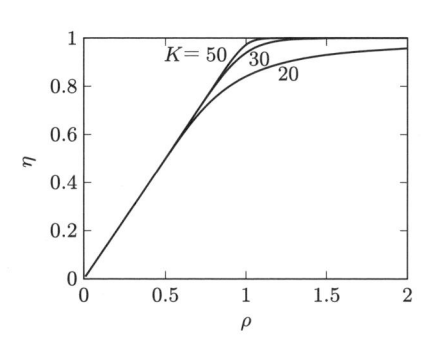

図 8.12 M/M/S/K における利用率 η と負荷 ρ の関係（$S=20$）

8.2.4 平均待ち行列長

平均待ち行列長 $E[L_\mathrm{q}]$ は，次式のようになる．

$$E[L_\mathrm{q}] = \sum_{k=S}^{K}(k-S)\pi_k = \sum_{k=S}^{K}(k-S)\frac{a^S}{S!}\rho^{k-S}\pi_0$$

$$= \frac{a^S}{S!}\pi_0 \sum_{i=0}^{K-S} i\rho^i = \pi_S \sum_{i=0}^{K-S} i\rho^i \tag{8.25}$$

8.2.5 平均待ち時間

損失呼の待ち時間を定めることができないため，待ち時間は呼損とならなかった呼についてのみ定義される．到着呼が待時式交換線群に収容されるという条件下で到着呼の見る状態が k である確率を q_k とすると，平均待ち時間 $E[W_\mathrm{q}]$ は次式のようになる．

$$E[W_\mathrm{q}] = \frac{1}{S\mu} \sum_{k=S}^{K-1}(k-S+1)q_k \tag{8.26}$$

ここで，q_k は

$$q_k = P(\text{到着呼の見る状態が } k \mid \text{到着呼が収容される})$$

$$= \frac{P(\text{到着呼の見る状態が } k, \text{到着呼が収容される})}{P(\text{到着呼が収容される})}$$

であるが，$k = 0, 1, \ldots, K-1$ のときに到着呼が収容されることと PASTA の性質より

$$q_k = \frac{P(\text{到着呼の見る状態が } k)}{P(\text{到着呼が収容される})}$$

$$= \frac{\pi_k}{1-\pi_K} \quad (k = 0, 1, \ldots, K-1) \tag{8.27}$$

となる．式 (8.27) を式 (8.26) に代入して変形すると，次のように平均待ち時間 $E[W_\mathrm{q}]$ が得られる．

$$E[W_\mathrm{q}] = \frac{\displaystyle\sum_{k=S}^{K-1}(k-S+1)\pi_k}{S\mu(1-\pi_K)} = \frac{\displaystyle\sum_{k=S}^{K-1}(k-S+1)\frac{a^S}{S!}\rho^{k-S}\pi_0}{S\mu(1-\pi_K)}$$

$$= \frac{\sum_{k=S}^{K-1}(k-S+1)\frac{a^S}{S!}\rho^{k-S+1}\pi_0}{S\mu(1-\pi_K)\rho} = \frac{\sum_{k=S}^{K}(k-S)\frac{a^S}{S!}\rho^{k-S}\pi_0}{\lambda(1-\pi_K)}$$

$$= \frac{a^S \pi_0 \sum_{i=0}^{K-S} i\rho^i}{\lambda(S! - a^S \rho^{K-S}\pi_0)} = \frac{\pi_S \sum_{i=0}^{K-S} i\rho^i}{\lambda(1-\rho^{K-S}\pi_S)} \tag{8.28}$$

式 (8.25), (8.28) より，呼損が起こりうる場合のリトルの公式 (4.15) が成立していることがわかる．

図 8.13 に $S=20$, $\mu=1.0$, $K=20, 30, 50, \infty$ のときの平均待ち時間 $E[W_q]$ と負荷 ρ の関係を示す．

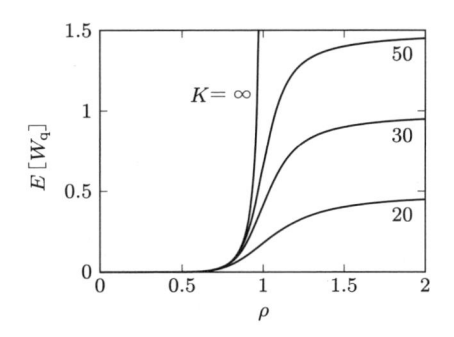

図 8.13 M/M/S/K における平均待ち時間 $E[W_q]$ と負荷 ρ の関係（$S=20$, $\mu=1.0$）

8.2.6 待ち時間分布

本項では，待ち時間の補分布関数 $W_q^c(t)$ を導出する．前項で述べたように，損失呼の待ち時間を定めることができないため，到着呼が待時式交換線群に収容されるという条件の下での待ち時間分布を考える．M/M/S の場合と同様，式 (8.14) が成立するので，待ち時間の補分布関数 $W_q^c(t)$ は次式のように表される．

$$W_q^c(t) = \sum_{i=0}^{K-S-1} q_{S+i} P(W_q > t \mid \text{到着呼の見る状態が } S+i)$$

$$= \sum_{i=0}^{K-S-1} \frac{\pi_{S+i}}{1-\pi_K} \sum_{j=0}^{i} \frac{(S\mu t)^j}{j!} e^{-S\mu t}$$

$$= e^{-S\mu t}\frac{\pi_S}{1-\pi_K}\sum_{i=0}^{K-S-1}\rho^i\sum_{j=0}^{i}\frac{(S\mu t)^j}{j!}$$

$$= e^{-S\mu t}\frac{\pi_S}{1-\pi_K}\sum_{j=0}^{K-S-1}\frac{(S\mu t)^j}{j!}\sum_{i=j}^{K-S-1}\rho^i \tag{8.29}$$

図 8.14 に $S=20$, $K=30$, $\mu=1.0$ のときの待ち時間の補分布を示す．

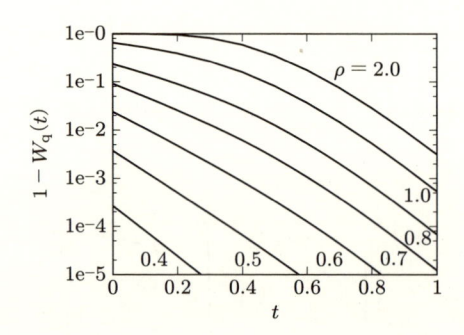

図 8.14　M/M/S/K における待ち時間の補分布
($S=20$, $K=30$, $\mu=1.0$)

演習問題

8.1 交換線群に運ばれる呼量を式 (3.16) のように定義すると，アーランの待時式交換線群に運ばれる呼量 a_c は，

$$a_\mathrm{c} = \sum_{k=0}^{S}k\pi_k + \sum_{k=S+1}^{\infty}S\pi_k$$

と表される．$a_\mathrm{c} = a$ であることを示せ．

8.2 式 (8.10) が成立することを示せ．

8.3 式 (8.11) が成立することを示せ．

8.4 アーランの待時式交換線群において，$E[L] = E[L_\mathrm{q}] + a$ が成り立つことを示せ．

第9章 単一サーバモデル

前章までで検討した複数出線の交換線群，すなわち，複数サーバの待ち行列システムは，主に電話交換機のモデルとして用いられている．回線交換では，通話中に当該端末間の回線が占有されるので，各交換機において同じ方面に向かう複数の出線が用意されるためである．これに対して，パケット交換では，同じ方面に向かうさまざまなパケットが1本の出線を共有する．そのため，ルータやハブのモデルでは，単一出線の待時式交換線群，すなわち，単一サーバの待ち行列システムが用いられることが多い．本章では，パケット交換を想定し，M/M/1とその容量を制限したM/M/1/K，および，サービス時間が一般的な分布に従うM/G/1を解析する．なお，本章では，説明の際に待ち行列システムの用語を用いることにする．

9.1 M/M/1

電話交換機のサービス時間は保留時間であった．これに対して，ルータやハブのサービス時間はパケット送出時間，すなわち，1個のパケットを出線に送出するのに要する時間である．出線の伝送速度はネットワークごとに定められているため，パケット送出時間はパケット長に比例する．したがって，ここでは，長さが指数分布に従うパケットがルータ（またはハブ）にポアソン到着する場合を想定している．

また，パケット交換における待ちの評価測度としては，待ち時間よりもシステム時間のほうが重要である．これは，後者がルータやハブを通過するのに要する時間に相当するためである．そこで，待ち時間の代わりにシステム時間に関する評価測度を導出することにする．

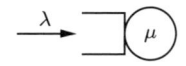

図9.1に，本節で解析するM/M/1待ち行列システムの図を示す．

図 9.1　M/M/1 待ち行列システム

9.1.1 定常分布

状態 k における到着率 λ_k，サービス率 μ_k は，それぞれ

$$\lambda_k = \lambda \quad (k=0,1,2,\ldots) \tag{9.1}$$

$$\mu_k = \mu \quad (k=1,2,3,\ldots) \tag{9.2}$$

である．図 9.2 に状態遷移速度図を示す．

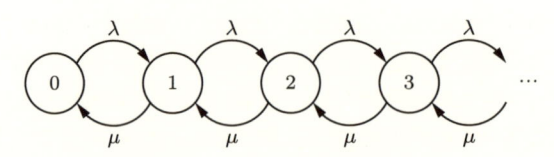

図 9.2 M/M/1 の状態遷移速度図

式 (9.1)，(9.2) を式 (6.59) に代入すると，

$$\pi_k = \frac{\lambda_0 \lambda_1 \cdots \lambda_{k-1}}{\mu_1 \mu_2 \cdots \mu_k} \pi_0 = \left(\frac{\lambda}{\mu}\right)^k \pi_0 = \rho^k \pi_0 \quad (k=1,2,3,\ldots) \tag{9.3}$$

となる．ここで，サーバ数 $S=1$ なので，本章では

$$\rho = \frac{\lambda}{\mu} \tag{9.4}$$

であることに注意してほしい．さて，式 (6.60) より，

$$\pi_0 = \frac{1}{1 + \displaystyle\sum_{k=1}^{\infty} \frac{\lambda_0 \lambda_1 \cdots \lambda_{k-1}}{\mu_1 \mu_2 \cdots \mu_k}} = \frac{1}{1 + \displaystyle\sum_{k=1}^{\infty} \rho^k} \tag{9.5}$$

となる．式 (6.61) より，定常分布が存在するための条件は，分母が有限の値となることであり，その条件とは

$$\rho < 1 \tag{9.6}$$

である．このとき，

$$\pi_0 = \frac{1}{1 + \dfrac{\rho}{1-\rho}} = 1 - \rho \tag{9.7}$$

となる．したがって，π_k は，

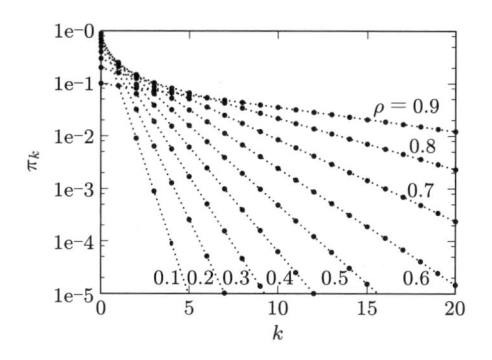

図 9.3　M/M/1 の定常分布

$$\pi_k = (1-\rho)\rho^k \quad (k=0,1,2,\ldots) \tag{9.8}$$

となる．図 9.3 にさまざまな ρ についての定常分布を示す．

9.1.2 利用率

M/M/1 は容量無限大であるから，利用率 η は次式のようになる．

$$\eta = \rho \tag{9.9}$$

なお，単一サーバのシステムでは，システム内人数が 1 以上であれば，サーバが稼動しているので，利用率を次式のように表すことができる．

$$\eta = 1 - \pi_0 \tag{9.10}$$

9.1.3 平均システム内人数

平均システム内人数 $E[L]$ は，次式のようになる．

$$\begin{aligned} E[L] &= \sum_{k=0}^{\infty} k\pi_k = (1-\rho)\sum_{k=0}^{\infty} k\rho^k \\ &= \frac{\rho}{1-\rho} = \frac{\lambda}{\mu-\lambda} \end{aligned} \tag{9.11}$$

9.1.4 平均システム時間

リトルの公式 (4.1) を利用して，平均システム時間 $E[W]$ を求めると，

$$E[W] = \frac{E[L]}{\lambda} = \frac{\lambda}{\mu-\lambda}\frac{1}{\lambda} = \frac{1}{\mu-\lambda} \tag{9.12}$$

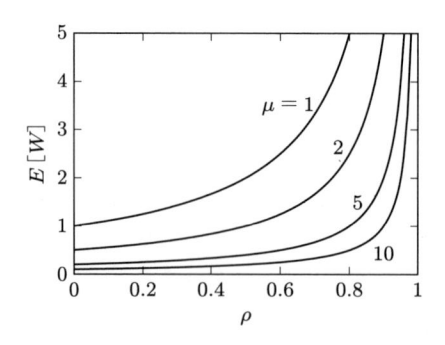

図 9.4 M/M/1 における平均システム時間 $E[W]$ と負荷 ρ の関係

となる．図 9.4 に，平均システム時間 $E[W]$ と負荷 ρ の関係を示す．

ここでは，定常分布より平均システム内人数 $E[L]$ を求め，リトルの公式から平均システム時間 $E[W]$ を求めた．しかし，M/M/1 では，定常分布の代わりに PASTA の性質と指数分布の無記憶性を使って，$E[W]$ と $E[L]$ を求めることができる．以下にその方法を示す．

PASTA の性質から，到着客が見るシステム内人数の平均は $E[L]$ である．列の先頭の客はすでにサービスを受けていたとしても，サービス終了までの残り時間（残余サービス時間という）の期待値は，指数分布の無記憶性より，平均サービス時間 $1/\mu$ に等しい．したがって，到着客の平均システム時間 $E[W]$ は，

$$E[W] = \frac{1}{\mu}E[L] + \frac{1}{\mu} \tag{9.13}$$

である．リトルの公式 (4.1) を式 (9.13) の右辺第 1 項に適用すると，

$$E[W] = \frac{1}{\mu}\lambda E[W] + \frac{1}{\mu} = \rho E[W] + \frac{1}{\mu} \tag{9.14}$$

となるので，これを $E[W]$ について解くと，

$$E[W] = \frac{1}{1-\rho}\frac{1}{\mu} \tag{9.15}$$

となる．さらに，リトルの公式を使うと，次式のように $E[L]$ が得られる．

$$E[L] = \frac{1}{1-\rho}\frac{\lambda}{\mu} = \frac{\rho}{1-\rho} \tag{9.16}$$

例 9.1（一列待ちの効果）

日常的な問題であるが，複数の切符販売窓口において，窓口ごとに列を作る場合と一列待ちの場合の平均待ち時間を比較してみよう．

まず，前者，後者をそれぞれ次のようにモデル化する（図 9.5 参照）．

(a) サービス率 μ の M/M/1 を並列に S 台並べたもの．到着率はそれぞれ λ．
(b) サーバあたりのサービス率が μ の M/M/S．到着率は $S\lambda$．

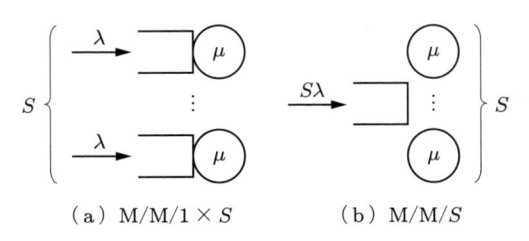

(a) M/M/1 × S　　(b) M/M/S

図 9.5 待ち行列モデル

モデル (a) の平均待ち時間 $E[W_{q(a)}]$ は，次式のようになる（演習問題 9.1 参照）．

$$E[W_{q(a)}] = \frac{1}{\mu}\frac{\rho}{1-\rho}$$

一方，式 (8.13) より，モデル (b) の平均待ち時間 $E[W_{q(b)}]$ は次式のようになる．

$$E[W_{q(b)}] = C_S \frac{1}{S\mu}\frac{1}{1-\rho}$$

図 9.6 に平均待ち時間の比較を示す．ここでは，$S=5$，$\mu=1$ としている．図より，モデル (a) の待ち時間のほうが大きくなっている．この理由は，窓口ごとに独立なモデルであるため，到着客は待ち行列長の短い窓口を選べないことと，いったん並ぶと途中で列の変更ができないことである．このように，仮定が現実的ではないため，ここでの結果をこの問題の解とするわけにはいかないが，客にとってモデル (b) のほうが公平であることは間違いない．

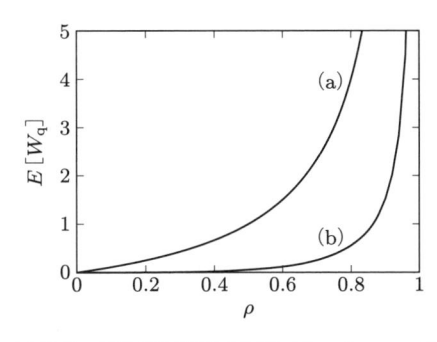

図 9.6 平均待ち時間の比較（$S=5$，$\mu=1$）

9.1.5 システム時間分布

到着客の見る状態が k であるとすると,その客のシステム時間は $k+1$ 人分のサービス時間となる.その分布は,指数分布の $k+1$ 重畳み込み,すなわち $k+1$ 次のアーラン分布である.したがって,システム時間 W の条件付分布関数は,次式のようになる.

$$P(W \leq t \mid \text{到着客の見る状態が } k) = 1 - \sum_{i=0}^{k} \frac{(\mu t)^i}{i!} e^{-\mu t} \tag{9.17}$$

PASTA の性質を利用して条件を外すと,システム時間の分布関数 $W(t)$ が次式のように得られる.

$$\begin{aligned} W(t) &= \sum_{k=0}^{\infty} \pi_k P(W \leq t \mid \text{到着客の見る状態が } k) \\ &= \sum_{k=0}^{\infty} \pi_k \left(1 - \sum_{i=0}^{k} \frac{(\mu t)^i}{i!} e^{-\mu t}\right) = \sum_{k=0}^{\infty} \pi_k - \sum_{k=0}^{\infty} \pi_k \sum_{i=0}^{k} \frac{(\mu t)^i}{i!} e^{-\mu t} \\ &= 1 - \sum_{k=0}^{\infty} (1-\rho)\rho^k \sum_{i=0}^{k} \frac{(\mu t)^i}{i!} e^{-\mu t} \\ &= 1 - (1-\rho) e^{-\mu t} \sum_{k=0}^{\infty} \rho^k \sum_{i=0}^{k} \frac{(\mu t)^i}{i!} \end{aligned} \tag{9.18}$$

ここで,

$$\begin{aligned} \sum_{k=0}^{\infty} x_k \sum_{i=0}^{k} y_i &= x_0 y_0 + x_1(y_0 + y_1) + x_2(y_0 + y_1 + y_2) + \cdots \\ &= y_0(x_0 + x_1 + \cdots) + y_1(x_1 + x_2 + \cdots) \\ &\quad + y_2(x_2 + x_3 + \cdots) + \cdots \\ &= \sum_{i=0}^{\infty} y_i \sum_{k=i}^{\infty} x_k \end{aligned} \tag{9.19}$$

であるから,これを利用して,式変形を続けると次式のようになる.

$$W(t) = 1 - (1-\rho) e^{-\mu t} \sum_{i=0}^{\infty} \frac{(\mu t)^i}{i!} \sum_{k=i}^{\infty} \rho^k$$

$$= 1 - (1-\rho)e^{-\mu t} \sum_{i=0}^{\infty} \frac{(\mu t)^i}{i!} \frac{\rho^i}{1-\rho} = 1 - e^{-\mu t} \sum_{i=0}^{\infty} \frac{(\mu\rho t)^i}{i!}$$

$$= 1 - e^{-(1-\rho)\mu t} = 1 - e^{-(\mu-\lambda)t} \tag{9.20}$$

したがって，システム時間はパラメータ $\mu - \lambda$ の指数分布に従う．

また，システム時間の密度関数 $w(t)$ は，次式のようになる．

$$w(t) = \frac{\mathrm{d}W(t)}{\mathrm{d}t} = (\mu-\lambda)e^{-(\mu-\lambda)t} \tag{9.21}$$

図 9.7 にシステム時間の密度を示す．

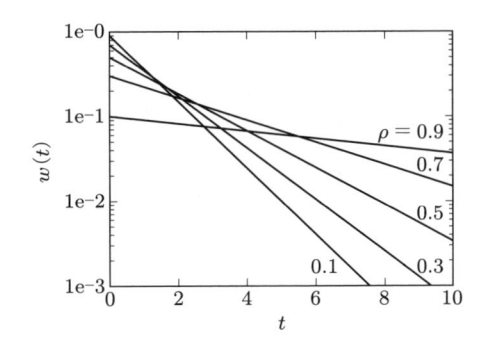

図 9.7 M/M/1 におけるシステム時間の密度（$\mu = 1$）

9.2 M/M/1/K

M/M/1/K は，前節で扱った M/M/1 の容量に制限を設けたものである．サービス中の客を含めて，最大 K 人がシステム内に入ることを許される．図 9.8 に待ち行列システムの図を示す．

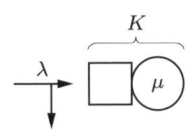

図 9.8 M/M/1/K 待ち行列システム

9.2.1 定常分布

状態 k における到着率 λ_k,サービス率 μ_k は,それぞれ

$$\lambda_k = \lambda \quad (k = 0, 1, \ldots, K-1) \tag{9.22}$$

$$\mu_k = \mu \quad (k = 1, 2, \ldots, K) \tag{9.23}$$

となる.図 9.9 に状態遷移速度図を示す.

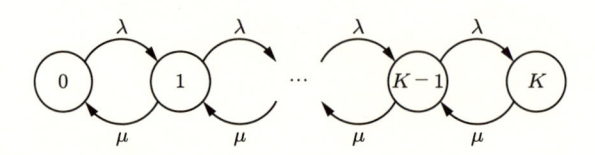

図 9.9 M/M/1/K の状態遷移速度図

式 (9.22), (9.23) を式 (6.59) に代入すると,

$$\pi_k = \frac{\lambda_0 \lambda_1 \cdots \lambda_{k-1}}{\mu_1 \mu_2 \cdots \mu_k} \pi_0 = \left(\frac{\lambda}{\mu}\right)^k \pi_0 = \rho^k \pi_0 \quad (k = 1, 2, \ldots, K) \tag{9.24}$$

となる.式 (6.60) より

$$\pi_0 = \frac{1}{1 + \sum_{k=1}^{K} \frac{\lambda_0 \lambda_1 \cdots \lambda_{k-1}}{\mu_1 \mu_2 \cdots \mu_k}} = \frac{1}{1 + \sum_{k=1}^{K} \left(\frac{\lambda}{\mu}\right)^k} = \frac{1}{\sum_{k=0}^{K} \rho^k}$$

$$= \begin{cases} \dfrac{1-\rho}{1-\rho^{K+1}} & (\rho \neq 1) \\ \dfrac{1}{K+1} & (\rho = 1) \end{cases} \tag{9.25}$$

となるから,式 (9.24), (9.25) より,π_k は,

$$\pi_k = \begin{cases} \dfrac{(1-\rho)\rho^k}{1-\rho^{K+1}} & (\rho \neq 1, \quad k = 0, 1, \ldots, K) \\ \dfrac{1}{K+1} & (\rho = 1, \quad k = 0, 1, \ldots, K) \end{cases} \tag{9.26}$$

と表される.図 9.10, 9.11 に,それぞれ $K = 5, 40$ の場合の定常分布を示す.

9.2 M/M/1/K

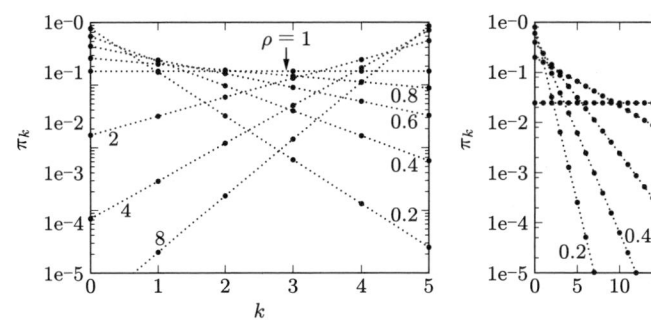

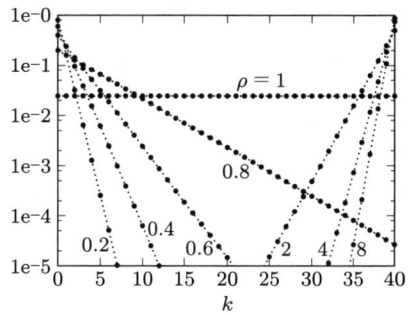

図 9.10 M/M/1/K の定常分布（$K = 5$） **図 9.11** M/M/1/K の定常分布（$K = 40$）

9.2.2 利用率

式 (9.10) より，利用率 η は次式のようになる．

$$\eta = 1 - \pi_0 = \begin{cases} \dfrac{\rho - \rho^{K+1}}{1 - \rho^{K+1}} & (\rho \neq 1) \\ \dfrac{K}{K+1} & (\rho = 1) \end{cases} \tag{9.27}$$

9.2.3 棄却率

PASTA が成り立つので，棄却率 B は次式のようになる．

$$B = \pi_K = \begin{cases} \dfrac{(1-\rho)\rho^K}{1 - \rho^{K+1}} & (\rho \neq 1) \\ \dfrac{1}{K+1} & (\rho = 1) \end{cases} \tag{9.28}$$

いくつかの K について，図 9.12 に棄却率 B と負荷 ρ の関係を示す．

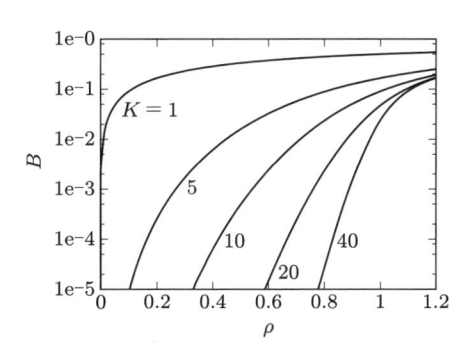

図 9.12 M/M/1/K における棄却率 B と負荷 ρ の関係

例 9.2（ルータのバッファサイズ）

第 1 章の問題 3 について考える．

パケットが 1 秒あたり 100 個到着するので，到着率 $\lambda = 100$ [個/秒] である．平均パケットサイズが 1 キロバイト（8 キロビット），伝送速度が 1 Gbps であるから，サービス率 $\mu = (1 \times 10^6)/(8 \times 10^3) = 125$ [個/秒] である．したがって，負荷 $\rho = \lambda/\mu = 100/125 = 0.8$ である．ρ の値を式 (9.28) に代入し，いくつかの K について，棄却率 B を計算すると次の表のようになる．

K	B
40	2.658739×10^{-5}
41	2.126946×10^{-5}
42	1.701528×10^{-5}
43	1.361204×10^{-5}
44	1.088951×10^{-5}
45	8.711532×10^{-6}

したがって，棄却率を 10^{-5} 以下にするためには，パケット 45 個分以上のバッファが必要となる．

9.2.4 スループット

式 (3.10) より，スループット γ は

$$\gamma = \lambda(1 - B) \tag{9.29}$$

である．したがって，$\rho \neq 1$ のとき

$$\gamma = \left(1 - \frac{(1-\rho)\rho^K}{1-\rho^{K+1}}\right)\lambda = \frac{1-\rho^K}{1-\rho^{K+1}}\lambda \tag{9.30}$$

となり，$\rho = 1$ のとき

$$\gamma = \left(1 - \frac{1}{K+1}\right)\lambda = \frac{K}{K+1}\lambda \tag{9.31}$$

となる．いくつかの K について，図 9.13 に $\mu = 1$ の場合のスループット γ と負荷 ρ の関係を示す．

図中の $K = \infty$ の場合，すなわち M/M/1 では棄却が起こらないので，$\rho < 1$ のとき $\gamma = \lambda$ である．$\rho \geq 1$ のときには定常分布が存在しないので，種々の評価測度が得られないが，M/M/1 のスループットは単調増加で，不等式 (3.12) が常に成立することより，$\gamma = \mu$ となる．したがって，途切れることなく客がサービスされていること

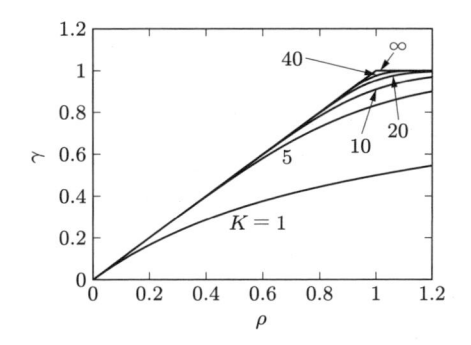

図 9.13 M/M/1/K におけるスループット γ と負荷 ρ の関係 ($\mu = 1$)

になる．

9.2.5 平均システム内人数

平均システム内人数 $E[L]$ は，$\rho \neq 1$ のとき，

$$E[L] = \sum_{k=0}^{K} k\pi_k = \sum_{k=0}^{K} \frac{k(1-\rho)\rho^k}{1-\rho^{K+1}}$$

$$= \frac{1-\rho}{1-\rho^{K+1}} \sum_{k=0}^{K} k\rho^k = \frac{\rho}{1-\rho^{K+1}} \left(\frac{1-\rho^K}{1-\rho} - K\rho^K \right)$$

$$= \rho \frac{1-(K+1)\rho^K + K\rho^{K+1}}{(1-\rho)(1-\rho^{K+1})} \tag{9.32}$$

となり，$\rho = 1$ のとき，次式のようになる．

$$E[L] = \sum_{k=0}^{K} k\pi_k = \sum_{k=0}^{K} \frac{k}{K+1} = \frac{1}{K+1} \frac{K(K+1)}{2} = \frac{K}{2} \tag{9.33}$$

9.2.6 平均システム時間

到着客が収容されるという条件の下で，到着客の見る状態が k である確率 q_k は，

$$q_k = \frac{\pi_k}{1-\pi_K}$$

$$= \begin{cases} \dfrac{(1-\rho)\rho^k}{1-\rho^K} & (\rho \neq 1, \quad k = 0, 1, \ldots, K-1) \\ \dfrac{1}{K} & (\rho = 1, \quad k = 0, 1, \ldots, K-1) \end{cases} \tag{9.34}$$

である．平均システム時間 $E[W]$ は，

$$E[W] = \frac{1}{\mu}\sum_{k=0}^{K-1}(k+1)q_k \tag{9.35}$$

により得られるが，平均システム内人数 $E[L]$ がすでに得られているので，ここでは棄却が起こりうる場合のリトルの公式 (4.14) を利用して求める．

平均システム時間 $E[W]$ は，$\rho \neq 1$ のとき

$$\begin{aligned}E[W] &= \frac{E[L]}{\lambda(1-B)} = \frac{E[L]}{\gamma} \\ &= \rho\frac{1-(K+1)\rho^K+K\rho^{K+1}}{(1-\rho)(1-\rho^{K+1})}\frac{1-\rho^{K+1}}{1-\rho^K}\frac{1}{\lambda} \\ &= \frac{1}{\mu}\frac{1-(K+1)\rho^K+K\rho^{K+1}}{(1-\rho)(1-\rho^K)}\end{aligned} \tag{9.36}$$

となり，$\rho = 1$ のとき

$$E[W] = \frac{E[L]}{\gamma} = \frac{K}{2}\frac{K+1}{K}\frac{1}{\lambda} = \frac{K+1}{2\lambda} = \frac{K+1}{2\mu} \tag{9.37}$$

となる．図 9.14 に，平均システム時間 $E[W]$ と負荷 ρ の関係を示す．

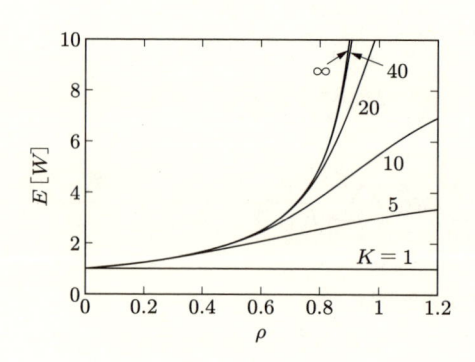

図 9.14　M/M/1/K における平均システム時間 $E[W]$ と負荷 ρ の関係（$\mu = 1$）

9.2.7　システム時間分布

到着客が収容されるという条件下でのシステム時間の分布関数および密度関数を求める．

9.2 M/M/1/K

到着客の見る状態が k であるとき,システム時間の条件付分布関数は,M/M/1 の場合と同様,式 (9.17) で表される.したがって,システム時間の分布関数 $W(t)$ は,$\rho \neq 1$ のとき

$$\begin{aligned}W(t) &= \sum_{k=0}^{K-1} q_k \left(1 - \sum_{i=0}^{k} \frac{(\mu t)^i}{i!} e^{-\mu t}\right) \\ &= \sum_{k=0}^{K-1} q_k - \sum_{k=0}^{K-1} q_k \sum_{i=0}^{k} \frac{(\mu t)^i}{i!} e^{-\mu t} \\ &= 1 - \frac{1-\rho}{1-\rho^K} e^{-\mu t} \sum_{k=0}^{K-1} \rho^k \sum_{i=0}^{k} \frac{(\mu t)^i}{i!}\end{aligned} \qquad (9.38)$$

となり,$\rho = 1$ のとき

$$W(t) = 1 - \frac{e^{-\mu t}}{K} \sum_{k=0}^{K-1} \sum_{i=0}^{k} \frac{(\mu t)^i}{i!} \qquad (9.39)$$

となる.

システム時間の密度関数 $w(t)$ については,式 (9.38) の 2 行目を t で微分して,$\rho \neq 1$ のとき

$$\begin{aligned}w(t) &= -\sum_{k=0}^{K-1} q_k \left(\sum_{i=0}^{k-1} \frac{\mu(\mu t)^i}{i!} e^{-\mu t} - \sum_{i=0}^{k} \frac{(\mu t)^i}{i!} \mu e^{-\mu t}\right) \\ &= \sum_{k=0}^{K-1} q_k \frac{(\mu t)^k}{k!} \mu e^{-\mu t} \\ &= \frac{1-\rho}{1-\rho^K} \mu e^{-\mu t} \sum_{k=0}^{K-1} \frac{(\rho \mu t)^k}{k!}\end{aligned} \qquad (9.40)$$

となり,$\rho = 1$ のとき

$$w(t) = \frac{\mu e^{-\mu t}}{K} \sum_{k=0}^{K-1} \frac{(\mu t)^k}{k!} \qquad (9.41)$$

となる.図 9.15, 9.16 に,それぞれ $K = 5, 40$ の場合のシステム時間の密度を示す.

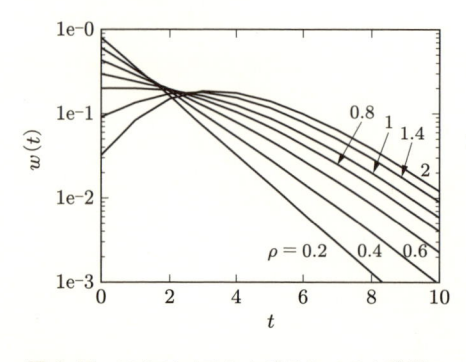

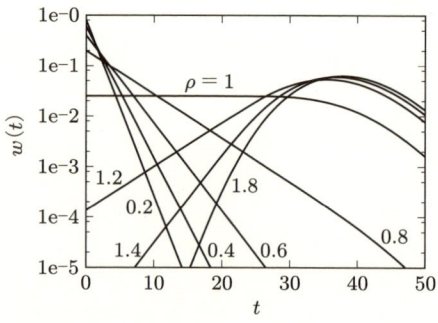

図9.15 M/M/1/Kにおけるシステム時間の密度（$K=5$）

図9.16 M/M/1/Kにおけるシステム時間の密度（$K=40$）

9.3 M/G/1

本節では，M/G型モデルの中でもっとも基本的なM/G/1を解析する．前節までのマルコフモデルでは，到着間隔とサービス時間がいずれも指数分布に従うため，客の到着や退去がランダムに起こる．そのため，任意の時刻において状態遷移速度図を描くことができ，出生死滅過程の解析手法を適用することができた．しかし，M/G型モデルでは，サービス時間分布が一般的な分布となるので，客の退去がランダムに起こるとは限らない．したがって，任意の時刻における状態遷移速度図を描くことはできず，出生死滅過程の解析手法を適用することもできない．

9.3.1 定常分布

M/M/1とM/G/1との違いは，サービス時間が指数分布に従うか一般的な分布に従うかということである．サービス時間がパラメータμの指数分布に従うとすると，サービス開始からの経過時間にかかわらず，微小時間Δt中にそのサービスが終了する確率は$\mu \Delta t + o(\Delta t)$である．しかし，サービス時間が指数分布以外の分布に従うとすると，Δt中にそのサービスが終了する確率は，サービス開始からの経過時間に依存する．これは，状態確率を考える際に，その状態がどれだけ続いているのかを考慮する必要があることを意味している．

当面の措置として，サービス開始からの経過時間を考慮する必要のない時点を取り出して，それらの時点に限定された状態確率を考えることにしよう．そのような時点として，サービス終了時に着目し，サービス終了時に退去客が見るシステム内人数（退去客自身を含まない）の推移について検討することにする．

n 番目の退去客（n 番目の到着客と同一人物でなくてもよい）が見るシステム内人数を L_n とする.

まず, $L_{n-1} = 0$ であったとする. 図 9.17(a) に示すように, このときの到着客は待ち時間 0 でただちにサービスを開始され, n 番目の退去客となる. n 番目の退去客は, 自身のサービス時間中に到着した A_n 人の客がシステム内に残されるのを見ることになるので, 次式が成立する.

$$L_n = A_n \qquad (L_{n-1} = 0) \tag{9.42}$$

（a）$L_{n-1} = 0$ の場合　　　　　（b）$L_{n-1} = 1, 2, 3, \ldots$ の場合

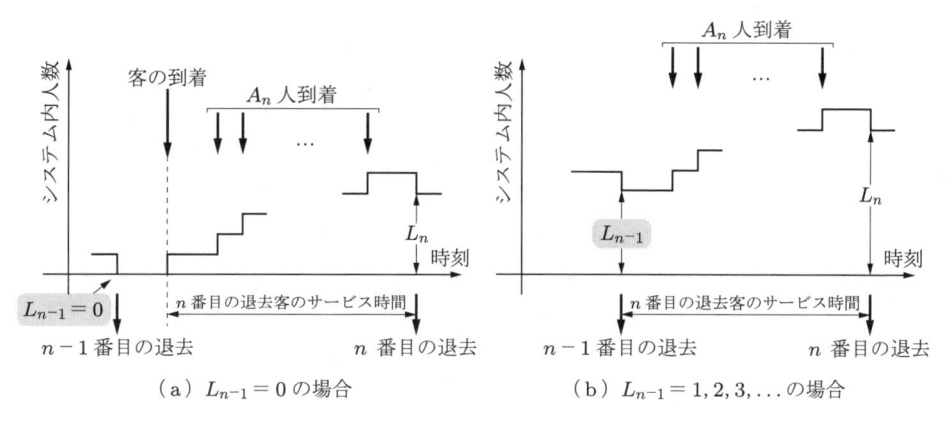

図 9.17　システム内人数の推移

次に, $L_{n-1} = 1, 2, 3, \ldots$ であったとする. 図 9.17(b) に示すように, $n-1$ 番目の退去客が去った後, ただちに n 番目の退去客のサービスが開始される. この場合の L_n は, L_{n-1} と n 番目の退去客のサービス中に到着した人数 A_n の和から n 番目の退去客を除いたものとなる. したがって, 次式が成立する.

$$L_n = L_{n-1} + A_n - 1 \qquad (L_{n-1} = 1, 2, 3, \ldots) \tag{9.43}$$

式 (9.42) と式 (9.43) をまとめると,

$$L_n = \max[\, L_{n-1} - 1, 0 \,] + A_n \qquad (L_{n-1} = 0, 1, 2, \ldots) \tag{9.44}$$

となる. ここで, A_n は n 番目の退去客のサービス時間中に到着した人数であるが, 客の順番には依存しないため, 以下では添字をとって A と表記し, ある客のサービス時間中に到着した人数を表すものとする. したがって,

$$L_n = \max[\, L_{n-1} - 1, 0 \,] + A \qquad (L_{n-1} = 0, 1, 2, \ldots) \tag{9.45}$$

であるが, A は L_n に依存しないので, L_n は L_{n-1} のみに依存することになり,

$\{L_n; n = 1, 2, 3, \ldots\}$ を離散時間マルコフ連鎖とみなすことができる．このようにマルコフ性をもつ時点を**隠れマルコフ点**（embedded Markov point）といい，隠れマルコフ点の系列を**隠れマルコフ連鎖**（embedded Markov chain）という．

さて，問題は，この隠れマルコフ連鎖を解析して得られるのは，退去客が見るシステム内人数分布であることである．しかし，幸いなことに，客の到着と退去がいずれも1人ずつであるとすると，退去客が見るシステム内人数分布は，到着客が見るシステム内人数分布に一致する．以下にそのことを示そう．

まず，時刻 t におけるシステム内人数を $L(t)$ とする．n 番目の到着客の到着時刻の直前を α_n^- と表すことにすると，n 回の到着の中でシステム内人数が k から $k+1$ に増加した回数は $\sum_{i=1}^{n} 1(L(\alpha_i^-) = k)$ である．また，n 番目の退去客の退去時刻の直後を δ_n^+ と表すことにすると，n 回の退去の中でシステム内人数が $k+1$ から k に減少した回数は $\sum_{i=1}^{n} 1(L(\delta_i^+) = k)$ である．

ここで，客の到着と退去がいずれも1人ずつであるとすると，システム内人数が k から $k+1$ に増加した時刻とシステム内人数が $k+1$ から k に減少した時刻は交互に現れるから，次の不等式が成立する．

$$\left| \sum_{i=1}^{n} 1(L(\alpha_i^-) = k) - \sum_{i=1}^{n} 1(L(\delta_i^+) = k) \right| \leq 1 \tag{9.46}$$

両辺を n で割り，$n \to \infty$ とすると，次式が得られる．

$$\lim_{n \to \infty} \frac{1}{n} \sum_{i=1}^{n} 1(L(\alpha_i^-) = k) = \lim_{n \to \infty} \frac{1}{n} \sum_{i=1}^{n} 1(L(\delta_i^+) = k) \tag{9.47}$$

この式の左辺は到着客が見るシステム内人数が k である確率であり，右辺は退去客が見るシステム内人数が k である確率である．

以上より，客の到着と退去がいずれも1人ずつであるとすると，到着客が見るシステム内人数分布は，退去客が見るシステム内人数分布に一致することが示された．したがって，退去客が見るシステム内人数の定常分布を導出することができれば，それが第三者が見るシステム内人数の定常分布となる．なぜなら，M/G/1 では PASTA が成立するためである．

それでは，隠れマルコフ連鎖の解析を始めよう．定常分布が存在するための条件は $\rho < 1$ であることが知られているため，ここでは，この条件が満足されているものと

する．

　客のサービス時間 $H = t$ という条件の下で，サービス時間中に k 人の客がポアソン到着する確率 $P(A = k \mid H = t)$ は，到着率を λ とすると，

$$P(A = k \mid H = t) = e^{-\lambda t} \frac{(\lambda t)^k}{k!} \tag{9.48}$$

である．サービス時間の分布関数を $H(t)$ として条件を外すと，

$$\begin{aligned} P(A = k) &= \int_0^\infty P(A = k \mid H = t) \, dH(t) \\ &= \int_0^\infty e^{-\lambda t} \frac{(\lambda t)^k}{k!} \, dH(t) \end{aligned} \tag{9.49}$$

となる．以下では，

$$\int_0^\infty e^{-\lambda t} \frac{(\lambda t)^k}{k!} \, dH(t) = a_k \tag{9.50}$$

と表記する．

　状態が i から j に遷移する確率 $p_{i,j}$ については，式 (9.45) の L_{n-1}, L_n にそれぞれ i, j を代入すると，

$$A = \begin{cases} j & (i = 0) \\ j - i + 1 & (i = 1, 2, 3, \ldots) \end{cases} \tag{9.51}$$

となることから，$i = 0$ のとき，

$$p_{0,j} = a_j \quad (j = 0, 1, 2, \ldots) \tag{9.52}$$

となり，$i = 1, 2, 3, \ldots$ のとき，

$$p_{i,j} = \begin{cases} 0 & (i = 1, 2, 3, \ldots, \quad j = 0, 1, \ldots, i - 2) \\ a_{j-i+1} & (i = 1, 2, 3, \ldots, \quad j = i - 1, i, i + 1, \ldots) \end{cases} \tag{9.53}$$

となる．したがって，遷移確率行列 $\boldsymbol{P}$ は次式のようになる．

$$P = \begin{bmatrix} a_0 & a_1 & a_2 & a_3 & \cdots \\ & a_0 & a_1 & a_2 & a_3 & \cdots \\ & & a_0 & a_1 & a_2 & \cdots \\ & & & a_0 & a_1 & \cdots \\ O & & & & \ddots & \ddots \end{bmatrix} \qquad (9.54)$$

式 (9.54) を大域平衡方程式 (5.34) に代入すると，各成分は

$$\pi_0 = a_0 \pi_0 + a_0 \pi_1$$
$$\pi_1 = a_1 \pi_0 + a_1 \pi_1 + a_0 \pi_2$$
$$\pi_2 = a_2 \pi_0 + a_2 \pi_1 + a_1 \pi_2 + a_0 \pi_3$$
$$\vdots$$

となるので，一般的にかくと次式のようになる．

$$\pi_j = a_j \pi_0 + \sum_{i=1}^{j+1} a_{j+1-i} \pi_i \qquad (j = 0, 1, 2, \ldots) \qquad (9.55)$$

式 (9.55) を辺々 $j = 0$ から $k-1$ まで加えると，

$$\sum_{j=0}^{k-1} \pi_j = \sum_{j=0}^{k-1} a_j \pi_0 + \sum_{j=0}^{k-1} \sum_{i=1}^{j+1} a_{j+1-i} \pi_i \qquad (9.56)$$

となる．ここで，

$$\begin{aligned} \sum_{j=0}^{k-1} \sum_{i=1}^{j+1} x_{j+1-i} y_i &= x_0 y_1 + (x_1 y_1 + x_0 y_2) + (x_2 y_1 + x_1 y_2 + x_0 y_3) \\ &\quad + \cdots + (x_{k-1} y_1 + x_{k-2} y_2 + \cdots + x_0 y_k) \\ &= y_1 (x_0 + x_1 + \cdots + x_{k-1}) + y_2 (x_0 + x_1 + \cdots + x_{k-2}) \\ &\quad + y_3 (x_0 + x_1 + \cdots + x_{k-3}) + \cdots + y_k x_0 \\ &= \sum_{i=1}^{k} y_i \sum_{j=0}^{k-i} x_j \end{aligned} \qquad (9.57)$$

であるから，これを利用して式 (9.56) の変形を続けると

$$\sum_{j=0}^{k-1} \pi_j = \sum_{j=0}^{k-1} a_j \pi_0 + \sum_{i=1}^{k} \sum_{j=0}^{k-i} \pi_i a_j = \pi_0 \sum_{j=0}^{k-1} a_j + \sum_{i=1}^{k} \pi_i \sum_{j=0}^{k-i} a_j$$

$$= \pi_0 \sum_{j=0}^{k-1} a_j + \sum_{i=1}^{k-1} \pi_i \sum_{j=0}^{k-i} a_j + \pi_k a_0 \tag{9.58}$$

となるので,これを π_k について解くと,次式が得られる.

$$\pi_k = \frac{1}{a_0} \left(\sum_{j=0}^{k-1} \pi_j - \pi_0 \sum_{j=0}^{k-1} a_j - \sum_{i=1}^{k-1} \pi_i \sum_{j=0}^{k-i} a_j \right)$$

$$= \frac{1}{a_0} \left[\pi_0 \left(1 - \sum_{j=0}^{k-1} a_j \right) + \sum_{i=1}^{k-1} \pi_i \left(1 - \sum_{j=0}^{k-i} a_j \right) \right] \quad (k=1,2,3,\ldots) \tag{9.59}$$

このことから,π_0 が与えられれば,順次 $\pi_1, \pi_2, \pi_3, \ldots$ を計算することができる.M/G/1 は単一サーバで客の棄却がないので,π_0 は次式のようになる.

$$\pi_0 = 1 - \rho = 1 - \lambda h \tag{9.60}$$

ここで,h は平均サービス時間である.

例 9.3 (M/M/1 の定常分布)

サービス時間の密度関数 $h(t)$ を
$$h(t) = \mu e^{-\mu t}$$
として,式 (9.50) に代入し,式変形すると

$$a_k = \int_0^\infty e^{-\lambda t} \frac{(\lambda t)^k}{k!} \mu e^{-\mu t} \, dt = \frac{\lambda^k \mu}{k!} \int_0^\infty e^{-(\lambda+\mu)t} t^k \, dt$$

$$= \frac{\lambda^k \mu}{k!(\lambda+\mu)^{k+1}} \int_0^\infty e^{-(\lambda+\mu)t} \left((\lambda+\mu)t \right)^k (\lambda+\mu) \, dt$$

となる.ここで,$(\lambda+\mu)t = u$ とおくと,

$$a_k = \frac{\lambda^k \mu}{k!(\lambda+\mu)^{k+1}} \int_0^\infty e^{-u} u^k \, du$$

となるので,式変形を続けると,

$$a_k = \frac{\lambda^k \mu \Gamma(k+1)}{k!(\lambda+\mu)^{k+1}} = \frac{\mu}{\lambda+\mu} \left(\frac{\lambda}{\lambda+\mu} \right)^k = \frac{1}{\rho+1} \left(\frac{\rho}{\rho+1} \right)^k$$

となる.これを式 (9.59) に代入すると,式 (9.8) に示された $\pi_1, \pi_2, \pi_3, \ldots$ が順次得られる.

9.3.2 平均システム内人数

平均システム内人数 $E[L]$ は，次式のように表される．

$$E[L] = \sum_{k=0}^{\infty} k\pi_k \tag{9.61}$$

しかし，前項で導出した式 (9.59), (9.60) を上式に代入して変形しても，実用的な $E[L]$ の表現式は得られそうにない．本項では，定常分布の確率母関数を利用して，平均システム内人数 $E[L]$ を求める手法を紹介する．

まず，定常分布の確率母関数 $\hat{\Pi}(z)$ を導出しよう．式 (9.55) の両辺に z^j を掛け，j について総和をとると，

$$\begin{aligned}\sum_{j=0}^{\infty} \pi_j z^j &= \pi_0 \sum_{j=0}^{\infty} a_j z^j + \sum_{j=0}^{\infty}\sum_{i=1}^{j+1} a_{j+1-i}\pi_i z^j \\ &= \pi_0 \sum_{j=0}^{\infty} a_j z^j + z^{-1}\sum_{j=0}^{\infty}\sum_{i=1}^{j+1} a_{j+1-i} z^{j+1-i}\pi_i z^i \end{aligned} \tag{9.62}$$

となる．ここで，

$$\begin{aligned}\sum_{j=0}^{\infty}\sum_{i=1}^{j+1} x_{j+1-i} y_i &= x_0 y_1 + (x_1 y_1 + x_0 y_2) + (x_2 y_1 + x_1 y_2 + x_0 y_3) + \cdots \\ &= y_1(x_0 + x_1 + x_2 + \cdots) + y_2(x_0 + x_1 + \cdots) + \cdots \\ &= \sum_{i=1}^{\infty} y_i \sum_{j=0}^{\infty} x_j \end{aligned} \tag{9.63}$$

であるから，これを式 (9.62) の第 2 項に適用すると

$$\sum_{j=0}^{\infty} \pi_j z^j = \pi_0 \sum_{j=0}^{\infty} a_j z^j + z^{-1} \sum_{i=1}^{\infty} \pi_i z^i \sum_{j=0}^{\infty} a_j z^j \tag{9.64}$$

となるので，確率母関数で表すと

$$\hat{\Pi}(z) = \pi_0 \hat{A}(z) + z^{-1}(\hat{\Pi}(z) - \pi_0)\hat{A}(z) \tag{9.65}$$

となる．これを $\hat{\Pi}(z)$ について解くと，

$$\hat{\Pi}(z) = \frac{(1-z)\hat{A}(z)}{\hat{A}(z) - z}\pi_0 \tag{9.66}$$

となる.式 (9.60) を用いて π_0 を書き換えると,次式が得られる.

$$\hat{\Pi}(z) = \frac{(1-z)\hat{A}(z)}{\hat{A}(z) - z}(1 - \rho) \tag{9.67}$$

以上で導出された定常分布の確率母関数 $\hat{\Pi}(z)$ より,平均システム内人数 $E[L] = \hat{\Pi}'(1)$ を求めよう.式 (9.67) より

$$(\hat{A}(z) - z)\hat{\Pi}(z) = (1-z)\hat{A}(z)(1-\rho) \tag{9.68}$$

であるから,両辺微分すると,

$$\begin{aligned}(\hat{A}'(z) - 1)\hat{\Pi}(z) + (\hat{A}(z) - z)\hat{\Pi}'(z) \\ = -\hat{A}(z)(1-\rho) + (1-z)\hat{A}'(z)(1-\rho)\end{aligned} \tag{9.69}$$

となる.z に 1 を代入すると,$\hat{A}(1) = \hat{\Pi}(1) = 1$ であることから,

$$\hat{A}'(1) = \rho \tag{9.70}$$

すなわち,

$$E[A] = \rho = \lambda h \tag{9.71}$$

という当然の結果が得られる.

式 (9.69) をさらに微分すると,

$$\begin{aligned}\hat{A}''(z)\hat{\Pi}(z) + 2(\hat{A}'(z) - 1)\hat{\Pi}'(z) + (\hat{A}(z) - z)\hat{\Pi}''(z) \\ = -2\hat{A}'(z)(1-\rho) + (1-z)\hat{A}''(z)(1-\rho)\end{aligned} \tag{9.72}$$

となる.z に 1 を代入し,式 (9.70) を利用すると

$$\hat{A}''(1) + 2(\rho - 1)\hat{\Pi}'(1) = -2\hat{A}'(1)(1-\rho) \tag{9.73}$$

となるので,$\hat{\Pi}'(1)$ について解くと,

$$\hat{\Pi}'(1) = \frac{\hat{A}''(1)}{2(1-\rho)} + \hat{A}'(1) = \frac{\hat{A}''(1)}{2(1-\rho)} + \rho \tag{9.74}$$

となる.したがって,A の 2 次モーメントが与えられれば,平均システム内人数 $E[L]$

が得られる．

式 (9.50) を使って，$\hat{A}(z)$ を計算すると，

$$\hat{A}(z) = \sum_{j=0}^{\infty} a_j z^j = \sum_{j=0}^{\infty} \left(\int_0^{\infty} e^{-\lambda t} \frac{(\lambda t)^j}{j!} \, dH(t) \right) z^j$$

$$= \int_0^{\infty} \left(\sum_{j=0}^{\infty} e^{-\lambda t} \frac{(\lambda t z)^j}{j!} \right) dH(t) = \int_0^{\infty} e^{-\lambda t} \left(\sum_{j=0}^{\infty} \frac{(\lambda t z)^j}{j!} \right) dH(t)$$

$$= \int_0^{\infty} e^{-\lambda(1-z)t} \, dH(t) \tag{9.75}$$

となる．ここで，付録 G の式 (G.3) より，上式はサービス時間の密度関数 $h(t)$ のラプラス変換 $\tilde{H}(s)$ で変数 s を $\lambda(1-z)$ に置き換えたものとなっているから，

$$\hat{A}(z) = \tilde{H}(\lambda(1-z)) \tag{9.76}$$

と表すことができる．したがって，式 (9.67) を次式のように表現してもよい．

$$\hat{\Pi}(z) = \frac{(1-z)\tilde{H}(\lambda(1-z))}{\tilde{H}(\lambda(1-z)) - z}(1-\rho) \tag{9.77}$$

さて，式 (9.76) の n 階微分は

$$\hat{A}^{(n)}(z) = (-\lambda)^n \tilde{H}^{(n)}(\lambda(1-z)) \tag{9.78}$$

である．$n = 1$, $z = 1$ とすると，

$$\hat{A}'(1) = -\lambda \tilde{H}'(0) \tag{9.79}$$

すなわち

$$E[A] = \lambda E[H] = \lambda h = \rho \tag{9.80}$$

となり，$n = 2$, $z = 1$ とすると，

$$\hat{A}''(1) = \lambda^2 \tilde{H}''(0) = \lambda^2 E[H^2] \tag{9.81}$$

となる．

式 (9.81) を式 (9.74) に代入すると，次式のように，平均システム内人数 $E[L]$ が得られる．

$$E[L] = \hat{\Pi}'(1) = \frac{\lambda^2 E[H^2]}{2(1-\rho)} + \rho = \frac{\lambda^2 V[H] + \lambda^2 E[H]^2}{2(1-\rho)} + \rho$$

$$= \frac{\lambda^2 V[H] + \rho^2}{2(1-\rho)} + \rho \tag{9.82}$$

式 (9.82) をポラチェック - ヒンチンの公式 (Pollaczek–Khinchine formula) という. ちなみに, 平均待ち行列長 $E[L_q]$ は次式のようになる.

$$E[L_q] = E[L] - \rho = \frac{\lambda^2 E[H^2]}{2(1-\rho)} = \frac{\lambda^2 V[H] + \rho^2}{2(1-\rho)} \tag{9.83}$$

9.3.3 平均システム時間

リトルの公式 (4.1) より, 平均システム時間 $E[W]$ は次式のようになる.

$$E[W] = \frac{E[L]}{\lambda} = \frac{\lambda E[H^2]}{2(1-\rho)} + h \tag{9.84}$$

また, リトルの公式 (4.13) より, 平均待ち時間 $E[W_q]$ は次式のようになる.

$$E[W_q] = \frac{E[L_q]}{\lambda} = \frac{\lambda E[H^2]}{2(1-\rho)} \tag{9.85}$$

例 9.4 (平均待ち時間)

サービス時間 H がパラメータ μ の指数分布に従うとすると, $E[H^2] = 2/\mu^2$ となる (例 2.9 参照) ので, M/M/1 の平均待ち時間 $E[W_q]$ は次式のようになる.

$$E[W_q] = \frac{\lambda E[H^2]}{2(1-\rho)} = \frac{\lambda}{(1-\rho)\mu^2} = \frac{\rho}{\mu - \lambda}$$

一方, サービス時間 H が平均 $1/\mu$ の単位分布に従うとすると, $E[H^2] = 1/\mu^2$ となるので, M/D/1 の平均待ち時間 $E[W_q]$ は次式のようになる.

$$E[W_q] = \frac{\lambda E[H^2]}{2(1-\rho)} = \frac{\lambda}{2(1-\rho)\mu^2} = \frac{\rho}{2(\mu - \lambda)}$$

M/M/1 の平均待ち時間は, M/D/1 のそれの 2 倍であることがわかる.

9.3.4 残余サービス時間分布

前項までで，定常分布から平均システム内人数や平均システム時間などを導出した．これに対して，本項では，ある客の到着時にすでにサービスを受けている客の残余サービス時間分布から平均待ち時間を得る手法を紹介する．

さて，到着客の待ち時間は，

(1) 到着時にサービス中の客がいれば，その客の残余サービス時間
(2) 到着時に待ち行列に並んでいる客のサービス時間の合計

の和である．M/G/1 では，到着客の棄却がないため，サーバが稼働している確率は ρ となる．したがって，ある客の到着時にサーバが稼働中であるという条件の下での残余サービス時間を R とすると，(1) の平均は $\rho E[R]$ となる．また，(2) については，PASTA の性質より，到着客は平均 $E[L_q]$ 人の客が並んでいるのを見ることから，その平均は $hE[L_q]$ となる．したがって，平均待ち時間 $E[W_q]$ は

$$E[W_q] = \rho E[R] + hE[L_q] = \rho E[R] + h\lambda E[W_q]$$
$$= \rho E[R] + \rho E[W_q] \tag{9.86}$$

となるので，$E[W_q]$ について解くと，次式が得られる．

$$E[W_q] = \frac{\rho E[R]}{1-\rho} \tag{9.87}$$

それでは，R について検討しよう．図 9.18 に示すように，M/G/1 における退去客のサービス時間を時間軸上に時刻 0 から隙間なく並べたもの[*1] を考える．時間軸上の一点をランダムに選び，それを到着時刻としよう．すると，このときの残余サービス時間は，客の到着時にサーバが稼働中であるという条件の下での残余サービス時間 R と考えることができる．また，到着時にすでにサービスを受けている客のサービス時

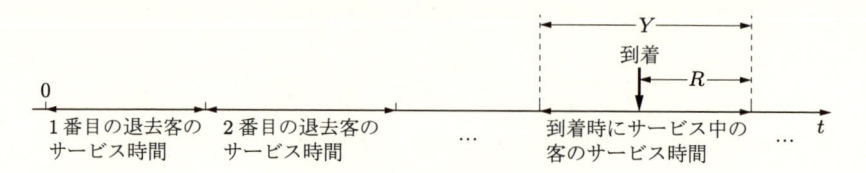

図 9.18 サービス時間の系列

[*1] サービス時間をある出来事の生起間隔とみなすと，図 9.18 は，生起間隔が互いに独立で同一の一般分布に従う計数過程を表していると考えることができる．このような計数過程を**再生過程**（renewal process）という．ポアソン過程は再生過程の特殊な場合である．

間を Y とする.

十分長い期間 $(0,\tau]$ 中にサービス時間は τ/h 個あると考えてよい.サービス時間 H の密度関数を $h(t)$ とすると,$t < H \leq t + \Delta t$ となる確率は

$$P(t < H \leq t + \Delta t) = h(t)\Delta t \tag{9.88}$$

と表される.したがって,長さ t のサービス時間は $\tau h(t)\Delta t/h$ 個あり,それらの延べ時間 $T_t(0,\tau]$ は次式のようになる.

$$T_t(0,\tau] = \frac{t\tau h(t)\Delta t}{h} \tag{9.89}$$

ランダムに選ばれるサービス時間 Y が $t < Y \leq t + \Delta t$ となる確率は,τ に占める $T_t(0,\tau]$ の割合と考えられるから,次式が成り立つ.

$$P(t < Y \leq t + \Delta t) = \frac{T_t(0,\tau]}{\tau} = \frac{th(t)\Delta t}{h} \tag{9.90}$$

一方,Y の密度関数を $y(t)$ とすると,

$$P(t < Y \leq t + \Delta t) = y(t)\Delta t \tag{9.91}$$

である.式 (9.90), (9.91) より,次式のように $y(t)$ が得られる.

$$y(t) = \frac{th(t)}{h} \tag{9.92}$$

$y(t) \neq h(t)$ であることに注意してほしい.これは,サービス時間が長くなるほど,その中に到着時刻が落ちやすくなるためである.

それでは,R の密度関数 $r(t)$ を求めよう.まず,

$$P(t < R \leq t + \Delta t) = r(t)\Delta t \tag{9.93}$$

である.また,$Y = u$ とすると,到着は時間 u の中でランダムに起こるから,

$$P(t < R \leq t + \Delta t \mid Y = u) = \begin{cases} \dfrac{\Delta t}{u} & (t < u) \\ 0 & (t \geq u) \end{cases} \tag{9.94}$$

となる.ここで,Y の分布関数を $Y(t)$ として条件を外すと,次式のようになる.

$$P(t < R \leq t + \Delta t) = \int_t^\infty \frac{\Delta t}{u}\,\mathrm{d}Y(u) \tag{9.95}$$

式 (9.93), (9.95) より,

$$r(t) = \int_t^\infty \frac{1}{u}\,\mathrm{d}Y(u) = \int_t^\infty \frac{y(u)}{u}\,\mathrm{d}u \tag{9.96}$$

となる．式 (9.92) を代入すると，次式のように $r(t)$ が得られる．

$$r(t) = \int_t^\infty \frac{h(u)}{h}\,\mathrm{d}u = \frac{1-H(t)}{h} \tag{9.97}$$

例 9.5（サービス中の客のサービス時間と残余サービス時間の分布）

サービス時間 H がパラメータ μ の指数分布に従うとすると，その分布関数 $H(t)$，密度関数 $h(t)$，平均 h はそれぞれ

$$H(t) = 1 - e^{-\mu t}, \quad h(t) = \mu e^{-\mu t}, \quad h = \frac{1}{\mu}$$

である．式 (9.92) より，Y の密度関数 $y(t)$ は

$$y(t) = \frac{th(t)}{h} = \mu^2 t e^{-\mu t}$$

となる．これは 2 次のアーラン分布である．また，式 (9.97) より，R の密度関数 $r(t)$ は

$$r(t) = \frac{1-H(t)}{h} = \mu e^{-\mu t}$$

であり，$h(t)$ に等しい．これは，指数分布の無記憶性を表している．

一方，サービス時間 H が平均 h の単位分布に従うとすると，その分布関数 $H(t)$ は

$$H(t) = U(t-h)$$

である．Y が単位分布に従うことは自明である．式 (9.97) より，R の密度関数 $r(t)$ は

$$r(t) = \frac{1-H(t)}{h} = \frac{1-U(t-h)}{h} = \begin{cases} 0 & (t \leq 0) \\ 1/h & (0 < t < h) \\ 0 & (h \leq t) \end{cases}$$

となるので，R は一様分布に従う．

以上で，R の密度関数 $r(t)$ が得られたので，R の平均 $E[R]$ を求めよう．式 (9.97) の両辺に h を掛けて，ラプラス変換すると

$$h\tilde{R}(s) = \frac{1}{s} - \mathfrak{L}[H(t)] \tag{9.98}$$

となるので，付録 G の式 (G.4) より，

$$sh\tilde{R}(s) = 1 - \tilde{H}(s) \tag{9.99}$$

となる．両辺を s で微分し，$\tilde{R}'(s)$ について解くと，

$$\tilde{R}'(s) = -\frac{\tilde{H}'(s)}{sh} - \frac{\tilde{R}(s)}{s} \tag{9.100}$$

となる．$s \to 0$ のとき，右辺が不定形となるが，ロピタルの定理を用いると

$$\tilde{R}'(0) = -\frac{\tilde{H}''(0)}{2h} \tag{9.101}$$

となるので，次式のように $E[R]$ が得られる．

$$E[R] = \frac{E[H^2]}{2h} \tag{9.102}$$

式 (2.73) より，$E[R]$ は次式のようにも表される．

$$E[R] = \frac{h}{2} + \frac{V[H]}{2h} \tag{9.103}$$

これより，$E[R] = h/2$ となるのは，H の分散が 0，すなわち H が単位分布に従うときであることがわかる．

式 (9.87)，(9.102) より，式 (9.85) と同様の平均待ち時間 $E[W_\mathrm{q}]$ が得られる．

9.3.5 システム時間分布

先着順サービスでは，ある退去客が見るシステム内人数は，その客のシステム時間中に到着した人数に等しい．ここで，システム時間 $W = t$ という条件の下で，システム時間中に k 人の客がポアソン到着する確率は

$$P(\text{システム時間中に } k \text{ 人ポアソン到着する} \mid W = t) = e^{-\lambda t}\frac{(\lambda t)^k}{k!} \tag{9.104}$$

であるから，退去客が見るシステム内人数が k となる確率は，システム時間の分布関数を $W(t)$ とすると，

$$P(\text{退去客の見るシステム内人数が } k) = \int_0^\infty e^{-\lambda t}\frac{(\lambda t)^k}{k!}\,\mathrm{d}W(t) \tag{9.105}$$

となる．したがって，退去客が見るシステム内人数の定常分布の確率母関数は，式 (9.75) から式 (9.76) を得たときと同様の式変形により，$\tilde{W}(\lambda(1-z))$ となる．退去客が見る

システム内人数の定常分布は，第三者が見るシステム内人数の定常分布に等しいので，結局

$$\hat{\Pi}(z) = \tilde{W}(\lambda(1-z)) \tag{9.106}$$

となる．したがって，式 (9.77)，(9.106) より，

$$\tilde{W}(\lambda(1-z)) = \frac{(1-z)\tilde{H}(\lambda(1-z))}{\tilde{H}(\lambda(1-z)) - z}(1-\rho) \tag{9.107}$$

となる．ここで，$\lambda(1-z) = s$ とおくと，次式が得られる．

$$\tilde{W}(s) = \frac{s\tilde{H}(s)}{\lambda\tilde{H}(s) + s - \lambda}(1-\rho) \tag{9.108}$$

また，サービス時間はシステム内人数に依存しないため，システム時間分布は待ち時間分布とサービス時間分布の畳み込みとなる．したがって，待ち時間の密度関数 $w_\mathrm{q}(t)$ のラプラス変換を $\tilde{W}_\mathrm{q}(s)$ とすると，

$$\tilde{W}(s) = \tilde{W}_\mathrm{q}(s)\tilde{H}(s) \tag{9.109}$$

であるから，次式が得られる．

$$\tilde{W}_\mathrm{q}(s) = \frac{s(1-\rho)}{\lambda\tilde{H}(s) + s - \lambda} \tag{9.110}$$

例 9.6（M/M/1 のシステム時間の密度関数）

M/M/1 のシステム時間の密度関数 $w(t)$ を求めよう．

サービス時間の密度関数 $h(t) = \mu e^{-\mu t}$ であるから，付録 G の表 G.1 を利用して $\tilde{H}(s)$ を求めると，

$$\tilde{H}(s) = \frac{\mu}{s+\mu}$$

となる．式 (9.108) に代入して，式変形すると

$$\tilde{W}(s) = \frac{\frac{s\mu}{s+\mu}}{\frac{\lambda\mu}{s+\mu} + s - \lambda}(1-\rho) = \frac{s\mu(1-\rho)}{\lambda\mu + (s-\lambda)(s+\mu)}$$

$$= \frac{s\mu(1-\rho)}{s^2 - \lambda s + \mu s} = \frac{\mu - \lambda}{s + \mu - \lambda}$$

となるので，表 G.1 を利用して，ラプラス逆変換すると次式が得られる．
$$w(t) = (\mu - \lambda)e^{-(\mu-\lambda)t}$$

ちなみに，式 (9.110) は
$$\tilde{W}_q(s) = \frac{1-\rho}{1 - \dfrac{\lambda(1-\tilde{H}(s))}{s}} = \frac{1-\rho}{1 - \dfrac{\rho(1-\tilde{H}(s))}{hs}} \tag{9.111}$$

とかくこともできるので，式 (9.99) より，次式が得られる．
$$\tilde{W}_q(s) = \frac{1-\rho}{1-\rho\tilde{R}(s)} \tag{9.112}$$

これを冪(べき)級数展開すると
$$\tilde{W}_q(s) = (1-\rho)\sum_{j=0}^{\infty}(\rho\tilde{R}(s))^j \tag{9.113}$$

となるので，付録 G の式 (G.19) を利用して，ラプラス逆変換すると次式が得られる．
$$w_q(t) = (1-\rho)\sum_{j=0}^{\infty}\rho^j r^{(*j)}(s) \tag{9.114}$$

式 (9.114) をベネスの公式（Beneš formula）という．

9.3.6 応 用 例

本項では，M/G/1 の応用例として，優先処理が行われているシステムにおける平均待ち時間および平均システム時間について考える．

優先処理では，サーバはもっとも優先度の高いクラスに属する客を先着順でサービスする．このとき問題となるのは，ある客のサービス中に，より高優先度の客が到着した場合に割り込みを許すか否かである．

非割込型優先処理（head of the line priority）では，到着客の優先度がどんなに高くても現在サービス中の客のサービスを中断させることはできず，サービスが終了した時点でシステム内でもっとも優先度の高い客のサービスが開始される．

割込型優先処理（preemptive priority）では，ある客のサービス中により優先度の

高い客が到着すると，現在のサービスを中断して，到着客を先にサービスする．サービスを中断された客は，自分よりも優先度の高い客がすべて退去した後にサービスを再開されるが，再開の方法により，**割込再開型**（preemptive resume）と**割込反復型**（preemptive repeat）の二つに大別される．前者では，中断時の状態が再現されるため，再開時のサービス時間は中断時の残余サービス時間となる．これに対して，後者は中断時の状態を再現する機能がない場合のモデルで，再開時にサービスを最初からやり直す．その際のサービス時間は中断前と同一（preemptive repeat without resampling），あるいはサービス時間分布に従って新たに設定（preemptive repeat with resampling）される．

図 9.19 に各優先処理の違いを示す．簡単のため，いずれの場合も客は A と B の 2 人のみとし，客 B のサービス中に高優先度の客 A が到着するとする．原理的に (a) における客 A の退去時刻と，(b) における客 B の退去時刻は等しくなる．そして，これらの時刻よりも遅くなるのが，(c) における客 B の退去時刻である．図では，偶然にも (d) における客 B の退去時刻がもっとも早くなっているが，新たに設定されたサービス時間に依存するため，もっとも遅くなることもある．

以下では，非割込型と割込再開型の場合について検討する．便宜上，優先度は $1, 2, 3, \ldots, J$ と番号付けされており，番号が小さいほど優先度が高いものとする．そして，j 番目に高い優先度をもつ客のグループをクラス j という．変数表記はこれまでと同様であるが，各変数にクラスを表現するための添字を付けることにする．たとえば，λ_j はクラス j の客の到着率を表している．

● **非割込型**

到着客の待ち時間は，

(1) 到着時にサービス中の客がいれば，その客の残余サービス時間
(2) 到着時に待ち行列に並んでいる同等以上の優先度の客のサービス時間の合計
(3) 自身の待ち時間中に到着する高優先度の客のサービス時間の合計

の和である．到着客のクラスを $j\ (=1,2,3,\ldots,J)$ として，それぞれの平均を求めよう．

(1) については，到着客の棄却がないため，クラス i の利用率が ρ_i となることから，$\sum_{i=1}^{J} \rho_i E[R_i]$ である．

(2) については，PASTA の性質より，到着時にクラス i の客は平均 $E[L_{\mathrm{q}i}]$ 人並ん

9.3 M/G/1

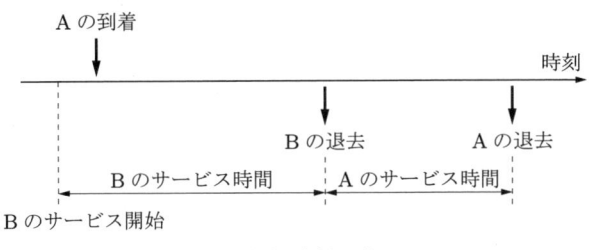

(a) 非割込型

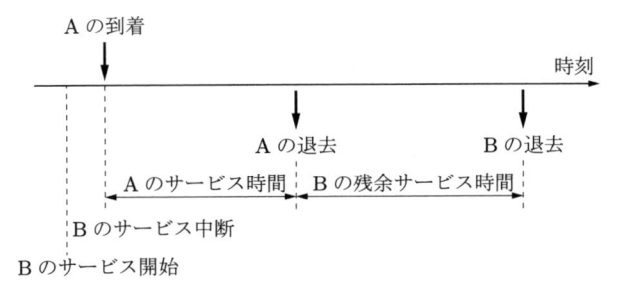

(b) 割込再開型

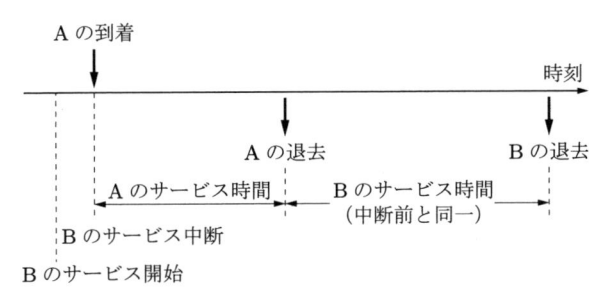

(c) 割込反復型(中断前と同一のサービス時間)

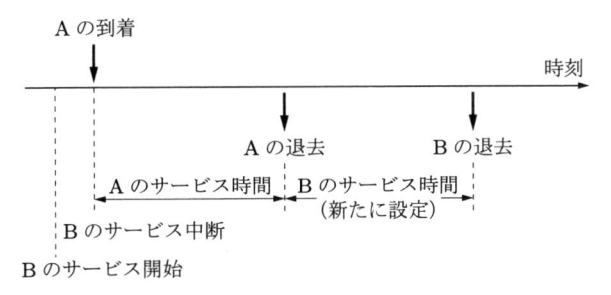

(d) 割込反復型(新たに設定されたサービス時間)

図 9.19 優先処理の違い

でいることから，$\sum_{i=1}^{j} h_i E[L_{qi}]$ である．

(3) については，平均待ち時間 $E[W_{qj}]$ 中にクラス i の客が平均 $\lambda_i E[W_{qj}]$ 人到着することから，$\sum_{i=1}^{j-1} h_i \lambda_i E[W_{qj}]$ である．

以上のことから，クラス j の客の平均待ち時間 $E[W_{qj}]$ は，次式のようになる．

$$
\begin{aligned}
E[W_{qj}] &= \sum_{i=1}^{J} \rho_i E[R_i] + \sum_{i=1}^{j} h_i E[L_{qi}] + \sum_{i=1}^{j-1} h_i \lambda_i E[W_{qj}] \\
&= \sum_{i=1}^{J} \rho_i \frac{E[H_i^2]}{2h_i} + \sum_{i=1}^{j} h_i \lambda_i E[W_{qi}] + E[W_{qj}] \sum_{i=1}^{j-1} h_i \lambda_i \\
&= \frac{1}{2} \sum_{i=1}^{J} \lambda_i E[H_i^2] + \sum_{i=1}^{j} \rho_i E[W_{qi}] + E[W_{qj}] \sum_{i=1}^{j-1} \rho_i \\
&= \frac{1}{2} \sum_{i=1}^{J} \lambda_i E[H_i^2] + \sum_{i=1}^{j-1} \rho_i E[W_{qi}] + E[W_{qj}] \sum_{i=1}^{j} \rho_i \quad (9.115)
\end{aligned}
$$

したがって，次式が得られる．

$$
\left(1 - \sum_{i=1}^{j} \rho_i\right) E[W_{qj}] = \frac{1}{2} \sum_{i=1}^{J} \lambda_i E[H_i^2] + \sum_{i=1}^{j-1} \rho_i E[W_{qi}] \quad (9.116)
$$

$j = 1$ のとき，右辺第 2 項が 0 となるので，

$$
E[W_{q1}] = \frac{\sum_{i=1}^{J} \lambda_i E[H_i^2]}{2(1 - \rho_1)} \quad (9.117)
$$

となる．また，$j = 2$ のとき

$$
(1 - \rho_1 - \rho_2) E[W_{q2}] = \frac{1}{2} \sum_{i=1}^{J} \lambda_i E[H_i^2] + \rho_1 E[W_{q1}] \quad (9.118)
$$

となるので，これに式 (9.117) を代入して，$E[W_{q2}]$ について解くと，

$$E[W_{\mathrm{q}2}] = \frac{\sum_{i=1}^{J} \lambda_i E[H_i^2]}{2(1-\rho_1-\rho_2)(1-\rho_1)} \tag{9.119}$$

となる．このように $j=1,2,\ldots$ について順次解くと，次式が得られる（演習問題 9.4 参照）．

$$E[W_{\mathrm{q}j}] = \frac{\sum_{i=1}^{J} \lambda_i E[H_i^2]}{2\left(1-\sum_{i=1}^{j} \rho_i\right)\left(1-\sum_{i=1}^{j-1} \rho_i\right)} \tag{9.120}$$

したがって，クラス j の客の平均システム時間 $E[W_j]$ は，次式のようになる．

$$E[W_j] = E[W_{\mathrm{q}j}] + h_j$$
$$= \frac{\sum_{i=1}^{J} \lambda_i E[H_i^2]}{2\left(1-\sum_{i=1}^{j} \rho_i\right)\left(1-\sum_{i=1}^{j-1} \rho_i\right)} + h_j \tag{9.121}$$

● 割込再開型

客が到着してからサービスが開始されるまでの時間（待ち時間とはいっていないことに注意）は，

(1) 到着時に同等以上の優先度の客がサービスを受けていれば，その客の残余サービス時間
(2) 到着時に待ち行列に並んでいる同等以上の優先度の客のサービス時間の合計
(3) 自身のサービス開始までに到着する高優先度の客のサービス時間の合計

の和である．非割込型の待ち時間との実質的な違いは (1) のみであり，到着客のクラスを j とすると，その平均は $\sum_{i=1}^{j} \rho_i E[R_i]$ となる．

したがって，クラス j の客が到着してからサービスが開始されるまでの時間を U_j とすると，

$$E[U_j] = \frac{1}{2}\sum_{i=1}^{j} \lambda_i E[H_i^2] + \sum_{i=1}^{j-1} \rho_i E[U_i] + E[U_j]\sum_{i=1}^{j} \rho_i \tag{9.122}$$

となるので，前項と同様の式変形により，次式が得られる．

$$E[U_j] = \frac{\sum_{i=1}^{j} \lambda_i E[H_i^2]}{2\left(1 - \sum_{i=1}^{j} \rho_i\right)\left(1 - \sum_{i=1}^{j-1} \rho_i\right)} \tag{9.123}$$

次に，ある客のサービス開始から終了までの時間（**完了時間**という）について考えよう．完了時間内に高優先度の客の到着があれば，それらが割り込んでくるので，クラス j の客の完了時間を C_j とすると，

$$E[C_j] = h_j + \sum_{i=1}^{j-1} h_i \lambda_i E[C_j] = h_j + E[C_j] \sum_{i=1}^{j-1} \rho_i \tag{9.124}$$

となる．これを $E[C_j]$ について解くと，次式が得られる．

$$E[C_j] = \frac{h_j}{1 - \sum_{i=1}^{j-1} \rho_i} \tag{9.125}$$

以上より，クラス j の客の平均システム時間 $E[W_j]$ は，次式のようになる．

$$E[W_j] = E[U_j] + E[C_j]$$

$$= \frac{\sum_{i=1}^{j} \lambda_i E[H_i^2]}{2\left(1 - \sum_{i=1}^{j} \rho_i\right)\left(1 - \sum_{i=1}^{j-1} \rho_i\right)} + \frac{h_j}{1 - \sum_{i=1}^{j-1} \rho_i}$$

$$= \frac{1}{1 - \sum_{i=1}^{j-1} \rho_i} \left(\frac{\sum_{i=1}^{j} \lambda_i E[H_i^2]}{2\left(1 - \sum_{i=1}^{j} \rho_i\right)} + h_j \right) \tag{9.126}$$

なお，クラス j の客の平均待ち時間については，到着からサービスが開始されるまでの時間と考えると $E[U_j]$ であり，完了時間中に高優先度客に割り込まれたことによる待ち時間も含まれると考えると $E[W_j] - h_j$ である．

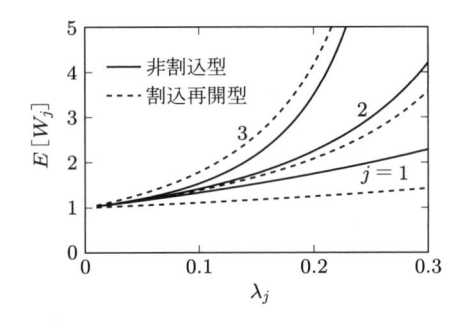

図 9.20　優先処理を行った場合の平均システム時間

図 9.20 に，クラス数 $J=3$，平均サービス時間 h_j をいずれも 1，サービス時間の 2 次モーメント $E[H_j^2]$ をいずれも 2 としたときの平均システム時間と到着率の関係を示す．非割込型，割込再開型をそれぞれ実線，破線で表示している．

演習問題

9.1 M/M/1 に関する以下の問いに答えよ．
(1) 平均待ち行列長 $E[L_q]$ を求めよ．
(2) 平均待ち時間 $E[W_q]$ を求めよ．
(3) 待ち時間の分布関数 $W_q(t)$ を求めよ．

9.2 ある客の到着時にサーバが稼働中であるという条件下での残余サービス時間 R の n 次モーメント $E[R^n]$ が

$$E[R^n] = \frac{E[H^{n+1}]}{(n+1)h}$$

となることを示せ．

9.3 ベネスの公式 (9.114) を用いて，M/M/1 の待ち時間の密度関数 $w_q(t)$ を求めよ．

9.4 式 (9.120) が成立することを示せ．

参考図書

本書を執筆するにあたり，ここにあげた書籍を参考にさせていただいた．これら以外にも多くの書籍が出版されており，書籍ごとに重点をおく箇所や解説の手法に違いがあるので，学習の際には，何冊か読み比べてみることを薦める．

トラヒック理論の教科書として次の書籍がある．ただし，[5] はやや難解で，発展学習用である．

[1] 秋山 稔，通信網工学，電子情報通信学会大学シリーズ F-7，電子情報通信学会編，コロナ社，1981．
[2] 秋丸 春夫，川島 幸之助，改訂版 情報通信トラヒック―基礎と応用―，電気通信協会，オーム社，2000．
[3] 秋丸 春夫，ロバート B. クーパー，通信トラヒック工学，オーム社，1985．
[4] 雁部 頴一，改訂 電話トラヒック理論とその応用，電子通信シリーズ，電子情報通信学会，1970．
[5] 川島 幸之助，町原 文明，高橋 敬隆，斎藤 洋，通信トラヒック理論の基礎とマルチメディア通信網，電子情報通信学会，1995．
[6] 村上 泰司，わかりやすい情報交換工学，森北出版，2009．

次の書籍は情報ネットワークの教科書であるが，待ち行列理論の説明とその適用例を含んでいる．これらは，待ち行列理論にそれほど多くのページを割いているわけではないが，通信システムと待ち行列理論の関わりを理解するのに適している．

[7] 秋山 稔，情報通信網の基礎，電気・電子・情報・通信基礎コース，6 章，丸善，1997．
[8] 遠藤 靖典，改訂 情報通信ネットワーク，6 章，コロナ社，2010．
[9] 岡田 博美，情報ネットワーク，電子・情報工学講座 16，4, 5 章，培風館，1994．
[10] 加島 宜雄，情報通信ネットワーク入門，4, 5 章，森北出版，2004．
[11] 酒井 善則，植松 友彦，情報通信ネットワーク，5 章，昭晃堂，1999．
[12] 宮原 秀夫，尾家 祐二，コンピュータネットワーク，情報・電子入門シリーズ 17，3 章，共立出版，1999．
[13] 横井 満，通信網―サービス統合と広帯域化へ向けて―，3 章，コロナ社，1996．

待ち行列理論の教科書としては，次にあげるもののほかにも多くの書籍が出版されている．[16] はさまざまなシステム性能評価の理論を扱っているため，線形計画法，非線形計画法，ペトリネットなどを含んでいるが，待ち行列理論に多くのページを割いている．また，[20] は符号理論と待ち行列理論，[19] は待ち行列理論とグラフ理論を解説している．

[14] 大石 進一，待ち行列理論，コロナ社，2003．
[15] 尾崎 俊治，確率モデル入門，朝倉書店，1996．

[16] 亀田 壽夫, 紀 一誠, 李 頡, 性能評価の基礎と応用, 情報数学講座 15, 共立出版, 1998.
[17] 紀 一誠, 待ち行列ネットワーク, 経営科学のニューフロンティア 13, 朝倉書店, 2002.
[18] 高橋 敬隆, 山本 尚生, 吉野 秀明, 戸田 彰, わかりやすい待ち行列システム―理論と実践―, 電子情報通信学会, 2003.
[19] 滝根 哲哉, 伊藤 大雄, 西尾 章治郎, ネットワーク設計理論, 岩波講座インターネット 5, 岩波書店, 2001.
[20] 萩原 春生, 中川 健治, 情報通信理論 1 ―符号理論・待ち行列理論―, 電子情報通信工学シリーズ, 第 II 部, 森北出版, 1997.
[21] 牧野 都治, 待ち行列の応用 POD 版, 森北出版, 2011.
[22] 牧本 直樹, 待ち行列アルゴリズム―行列解析アプローチ―, 経営科学のニューフロンティア 3, 朝倉書店, 2001.
[23] 宮沢 政清, 待ち行列の数理とその応用, 数理情報科学シリーズ 22, 牧野書店, 2006.
[24] 吉岡 良雄, 待ち行列と確率分布―情報システム解析への応用―, 森北出版, 2004.

交換機については, 上述の [4, 6] の他に次のような書籍がある. これらは, いずれも回線交換を行っている電話交換機についての解説に重点を置いている.

[25] 秋丸 春夫, 現代 交換工学概論, オーム社, 1979.
[26] 秋丸 春夫, 池田 博昌, 現代 交換システム工学, オーム社, 1989.
[27] 秋山 稔, 情報交換システム, 電気・電子・情報・通信基礎コース, 丸善, 1998.
[28] 秋山 稔, 五嶋 一彦, 島崎 誠彦, ディジタル電話交換, ディジタルコミュニケーションシリーズ, 産業図書, 1986.
[29] 池田 博昌, 情報交換工学, 電子・情報通信基礎シリーズ 7, 朝倉書店, 2000.
[30] 尾佐竹 徇, 秋山 稔, 交換工学, 電子通信大学講座 23, 電子情報通信学会編, コロナ社, 1963.
[31] 雁部 頴一, 通信網・交換工学, 大学講義シリーズ, コロナ社, 1977.
[32] 小橋 亨, 図解ディジタル PBX, COM シリーズ, 野口 正一 (監修), オーム社, 1988.
[33] 杉岡 良一 (編著), ディジタル PBX 入門, オーム社, 1987.
[34] 千葉 正人 (監修), 改訂 ディジタル交換方式, 電子情報通信学会, 1989.

蓄積交換について詳述している書籍は少ないが, [35, 36] はセル交換を行っている ATM 交換機を解説している. また, [37] はハブやルータなど LAN 用のスイッチについて詳述している.

[35] 青木 利晴, 青山 友紀, 濃沼 健夫, 広帯域 ISDN と ATM 技術, 電子情報通信学会, 1995.
[36] Martin de Prycker, *Asynchronous Transfer Mode: Solution for Broadband ISDN*, Prentice-Hall, 1995. (訳本) 松島 栄樹 (訳), ATM 詳解―新世代通信網構築技術, プレンティスホール, 1996.
[37] Rich Seifert, *The Switch Book: The Complete Guide to LAN Switching Technology*, John Wiley & Sons, 2000. (訳本) 間宮 あきら (訳), LAN スイッチング徹底解説, 日経 BP, 2001.

付録A 負の二項展開

ここでは，二項式の $-n$ 乗の展開について説明する．

a を実数，k を整数として，二項係数の一般形は次式のように定義される．

$$\begin{pmatrix} a \\ k \end{pmatrix} = \begin{cases} \dfrac{a(a-1)(a-2)\cdots(a-k+1)}{k!} & (k \text{ は正の整数}) \\ 1 & (k = 0) \\ 0 & (k \text{ は負の整数}) \end{cases} \tag{A.1}$$

式 (A.1) において，$a = -n$ とすると，

$$\begin{pmatrix} -n \\ k \end{pmatrix} = \frac{(-n)(-n-1)\cdots(-n-k+1)}{k!}$$

$$= \frac{(-1)^k n(n+1)\cdots(n+k-1)}{k!}$$

$$= (-1)^k \begin{pmatrix} n+k-1 \\ k \end{pmatrix} \tag{A.2}$$

となる．式 (A.2) を**負の二項係数** (negative binomial coefficient) という．負の二項係数を用いて，$-n$ 乗の二項展開を次式のように表現することができる．

$$(1+x)^{-n} = \sum_{k=0}^{\infty} \begin{pmatrix} -n \\ k \end{pmatrix} x^k$$

$$= \sum_{k=0}^{\infty} \begin{pmatrix} n+k-1 \\ k \end{pmatrix} (-x)^k \tag{A.3}$$

式 (A.3) の級数は，$|x| < 1$ のとき $(1+x)^{-n}$ に収束する．

例 A.1（負の二項展開）

式 (A.3) を使って，$(1+x)^{-1}$, $(1+x)^{-2}$ を展開してみよう．$|x|<1$ とすると，それぞれ

$$(1+x)^{-1} = \sum_{k=0}^{\infty} \binom{k}{k} (-x)^k$$
$$= 1 - x + x^2 - x^3 + \cdots$$

$$(1+x)^{-2} = \sum_{k=0}^{\infty} \binom{k+1}{k} (-x)^k = \sum_{k=0}^{\infty} (k+1)(-x)^k$$
$$= 1 - 2x + 3x^2 - 4x^3 + \cdots$$

のように展開することができる．

付録 B

負の二項分布とアーラン分布

ここでは,離散型分布である負の二項分布に対応する連続型分布がアーラン分布であることを示す.なお,負の二項分布の確率変数を初めて r 回成功するまでに要する試行回数 Y とする.

正の実数 x を n 等分した長さを $\Delta x \, (= x/n)$ とする.各区間 $(0, \Delta x]$, $(\Delta x, 2\Delta x]$, $(2\Delta x, 3\Delta x], \ldots$ で 1 回ずつ成功確率 p のベルヌーイ試行を行うことにすると,区間 $(0, x]$ の n 回試行での成功回数 Z は二項分布に従い,その平均 $E[Z]$ は次式のようになる.

$$E[Z] = np \tag{B.1}$$

r 回目の成功が起こる地点 X が x より大きくなるのは,初めて r 回成功するまでに要する試行回数 Y が n より大きくなるときである.そのとき,n 回試行での成功回数 Z は $r-1$ 以下となるので,

$$P(X > x) = P(Y > n) = P(Z \leq r-1)$$
$$= \sum_{i=0}^{r-1} \binom{n}{i} p^i (1-p)^{n-i} \tag{B.2}$$

となる.

一方,単位区間あたりの成功回数を μ とすると,区間 $(0, x]$ での成功回数 Z の平均 $E[Z]$ は,次式のようにも表される.

$$E[Z] = \mu x \tag{B.3}$$

式 (B.1),(B.3) より,

$$p = \frac{\mu x}{n} \tag{B.4}$$

となるので,これを式 (B.2) に代入すると,

$$P(X > x) = \sum_{i=0}^{r-1} \frac{n(n-1)\cdots(n-i+1)}{i!} \left(\frac{\mu x}{n}\right)^i \left(1 - \frac{\mu x}{n}\right)^{n-i}$$

$$= \sum_{i=0}^{r-1} \frac{1\left(1-\frac{1}{n}\right)\cdots\left(1-\frac{i-1}{n}\right)}{i!}(\mu x)^i \left(1-\frac{\mu x}{n}\right)^n \left(1-\frac{\mu x}{n}\right)^{-i}$$
(B.5)

となる．ここで，$n \to \infty$ とすると，次式が得られる．

$$P(X > x) = \sum_{i=0}^{r-1} \frac{(\mu x)^i}{i!} e^{-\mu x}$$
(B.6)

これは，パラメータ μ の r 次のアーラン分布の補分布関数である．

付録C 無記憶性をもつ連続型分布

ここでは，連続型分布で無記憶性をもつのは指数分布だけであることを示す．
無記憶性は式 (3.41) のように表されるから，これを書き換えて，

$$P(I > s+t) = P(I > s)P(I > t) \tag{C.1}$$

を得る．I の補分布関数を $F^c(t)$ として書き直すと，次式のようになる．

$$F^c(s+t) = F^c(s)F^c(t) \tag{C.2}$$

両辺から $F^c(t)$ を引き，さらに両辺を s で割ると，

$$\frac{F^c(s+t) - F^c(t)}{s} = F^c(t)\frac{F^c(s) - 1}{s} \tag{C.3}$$

となる．$F^c(0) = P(I > 0) = 1$ であることに注意して，$s \to 0$ とすると，

$$\frac{\mathrm{d}F^c(t)}{\mathrm{d}t} = F^c(t)F^{c\prime}(0) \tag{C.4}$$

となる．ここで，$F^{c\prime}(0) = a$ とおいて，形式的に式変形すると

$$\frac{\mathrm{d}F^c(t)}{F^c(t)} = a\,\mathrm{d}t \tag{C.5}$$

となるので，両辺を積分すると，次式が得られる．

$$\ln|F^c(t)| = at + C \tag{C.6}$$

ただし，C は積分定数である．$F^c(0) = 1$ より，$C = 0$ であるから，結局 $F^c(t)$ は次式のようになる．

$$F^c(t) = e^{at} \tag{C.7}$$

$F^c(t)$ $(t > 0)$ は単調減少で，$0 \leq F^c(t) \leq 1$ より，$a < 0$ となる．したがって，連続型分布で無記憶性をもつのは指数分布だけであることが示された．

付録 D

並列または直列に接続されたサーバ

ここでは，各々のサービス時間が指数分布に従うサーバを並列あるいは直列に接続したサービス施設におけるサービス時間分布を考える．

まず，図 D.1 に示すように各々のサービス率が μ_i $(i=1,2,\ldots,k)$ であるサーバを並列に k 個接続した施設を考える．ただし，施設内（図 D.1 の太線枠内）人数は，高々 1 である．したがって，これは並列処理のモデルではない．サーバ i への分岐確率を p_i とすると，この施設におけるサービス時間分布の密度関数 $f(x)$ は，次式のようになる．

$$f(x) = \sum_{i=1}^{k} p_i \mu_i e^{-\mu_i x} \qquad (x > 0) \tag{D.1}$$

密度関数が式 (D.1) で与えられる分布を**超指数分布** (hyper-exponential distribution) という．平均 $E[X]$ と分散 $V[X]$ は，それぞれ次のようになる．

$$E[X] = \sum_{i=1}^{k} \frac{p_i}{\mu_i} \tag{D.2}$$

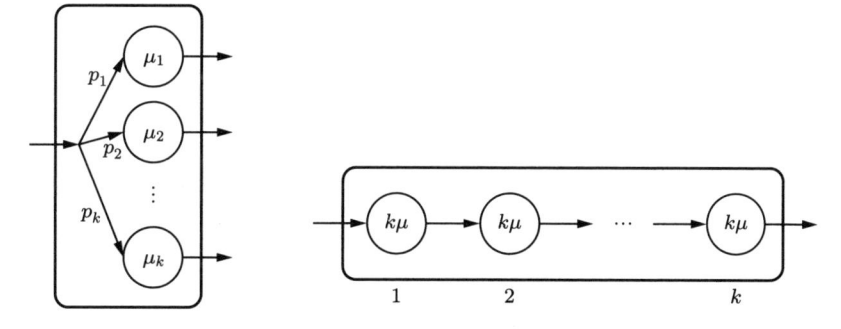

図 D.1 並列接続されたサーバ

図 D.2 直列接続されたサーバ

$$V[X] = 2\sum_{i=1}^{k} \frac{p_i}{\mu_i^2} - \left(\sum_{i=1}^{k} \frac{p_i}{\mu_i}\right)^2 \tag{D.3}$$

次に，図 D.2 に示すように各々のサービス率が $k\mu$ であるサーバを直列に k 個接続した施設を考える．ただし，施設内（図 D.2 の太線枠内）人数は，高々 1 である．したがって，これはパイプライン処理のモデルではない．この施設のサービス時間の密度関数 $f(x)$ は，パラメータ $k\mu$ の指数分布の密度関数の k 重畳み込みであるから，アーラン分布の密度関数 (2.53) において μ を $k\mu$ に置き換えたもの，すなわち

$$f(x) = \frac{(k\mu x)^k}{x(k-1)!} e^{-k\mu x} \quad (x > 0) \tag{D.4}$$

となる．これもアーラン分布の一種である．平均 $E[X]$ と分散 $V[X]$ は，それぞれ次のようになる．

$$E[X] = \frac{1}{\mu} \tag{D.5}$$

$$V[X] = \frac{1}{k\mu^2} \tag{D.6}$$

図 D.3 に，$\mu = 1$ の場合の密度を示す．

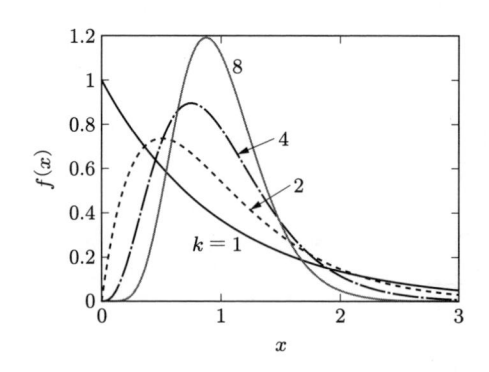

図 D.3 直列接続施設のサービス時間分布の密度 ($\mu = 1$)

ちなみに，式 (D.4) において $k \to \infty$ とすると，平均 $E[X] = 1/\mu$ のままで，分散 $V[X] \to 0$ となり，この分布は**単位分布** (unit distribution)，すなわち

$$P(X = x) = \begin{cases} 1 & (x = 1/\mu) \\ 0 & (x \neq 1/\mu) \end{cases} \tag{D.7}$$

となる．分布関数 $F(x)$，密度関数 $f(x)$ は，それぞれ

$$F(x) = U(x - 1/\mu) \tag{D.8}$$
$$f(x) = \delta(x - 1/\mu) \tag{D.9}$$

である．ただし，$U(x)$ は**単位ステップ関数**（unit step function）

$$U(x) = \begin{cases} 0 & (x < 0) \\ 1 & (x \geq 0) \end{cases} \tag{D.10}$$

であり，$\delta(x)$ はディラックのデルタ関数（Dirac δ-function）

$$\delta(x) = \begin{cases} \infty & (x = 0) \\ 0 & (x \neq 0) \end{cases} \tag{D.11}$$

$$\int_{-\infty}^{\infty} \delta(x) \, \mathrm{d}x = 1 \tag{D.12}$$

である．

付録 E チャップマン − コルモゴロフの方程式

ここでは，離散時間マルコフ連鎖におけるチャップマン − コルモゴロフの方程式 (5.23)

$$p_{i,j}(m+n) = \sum_k p_{i,k}(m) p_{k,j}(n)$$

が成立することを示す．

まず，$p_{i,j}(m+n)$ を式変形する．

$p_{i,j}(m+n)$

$$= P(X(m+n) = j \mid X(0) = i) = \frac{P(X(m+n) = j, X(0) = i)}{P(X(0) = i)}$$

$$= \sum_k \frac{P(X(m+n) = j, X(m) = k, X(0) = i)}{P(X(0) = i)}$$

$$= \sum_k \frac{P(X(m+n) = j, X(m) = k, X(0) = i)}{P(X(m) = k, X(0) = i)} \frac{P(X(m) = k, X(0) = i)}{P(X(0) = i)}$$

$$= \sum_k P(X(m+n) = j \mid X(m) = k, X(0) = i) P(X(m) = k \mid X(0) = i) \quad \text{(E.1)}$$

ここで，式 (5.6) を利用すると，

$$P(X(0) = i, X(1) = i_1, \cdots, X(m+n-1) = i_{m+n-1}, X(m+n) = j)$$
$$= P(X(0) = i) p_{i,i_1} p_{i_1,i_2} \cdots p_{i_{m+n-1},j}$$
$$= P(X(0) = i) p_{i,i_1} \cdots p_{i_{m-1},k} \times p_{k,i_{m+1}} \cdots p_{i_{m+n-1},j}$$
$$= P(X(0) = i, \cdots, X(m) = k) \times \frac{P(X(m) = k, \cdots, X(m+n) = j)}{P(X(m) = k)} \quad \text{(E.2)}$$

となるから，辺々 i，k，j 以外で総和をとると，

$$P(X(0) = i, X(m) = k, X(m+n) = j)$$
$$= P(X(0) = i, X(m) = k)P(X(m+n) = j \mid X(m) = k) \quad \text{(E.3)}$$

となる．両辺を $P(X(0) = i, X(m) = k)$ で割ると，次式が得られる．

$$P(X(m+n) = j \mid X(0) = i, X(m) = k)$$
$$= P(X(m+n) = j \mid X(m) = k) \quad \text{(E.4)}$$

式 (E.4) を利用して式 (E.1) の変形を続けると，

$$p_{i,j}(m+n) = \sum_k P(X(m+n) = j \mid X(m) = k)P(X(m) = k \mid X(0) = i)$$
$$= \sum_k P(X(m) = k \mid X(0) = i)P(X(n) = j \mid X(0) = k)$$
$$= \sum_k p_{i,k}(m)p_{k,j}(n) \quad \text{(E.5)}$$

となるので，式 (5.23) が成立することが示された．

付録 F 呼損率と呼損率

ここでは，3.3 節で述べた呼損率 B を表す式 (3.7)

$$B = \frac{a - a_c}{a}$$

と 7.1.2 項で導出した呼損率 b_S を表す式 (7.14)

$$b_S = \frac{\binom{N-1}{S}\left(\frac{\nu}{\mu}\right)^S}{\sum_{i=0}^{S}\binom{N-1}{i}\left(\frac{\nu}{\mu}\right)^i}$$

が同値であることを示す．

まず，式 (7.3)

$$\pi_k = \binom{N}{k}\left(\frac{\nu}{\mu}\right)^k \pi_0 \quad (k = 1, 2, 3, \ldots, S)$$

を利用して，式 (7.17) を変形すると，次式のようになる．

$$\begin{aligned}
a &= \frac{\nu}{\mu}\sum_{k=0}^{S}(N-k)\pi_k \\
&= \frac{\nu}{\mu}\sum_{k=0}^{S}(N-k)\binom{N}{k}\left(\frac{\nu}{\mu}\right)^k \pi_0 \\
&= \frac{\nu}{\mu}\sum_{k=0}^{S}(N-k)\frac{N!}{k!(N-k)!}\left(\frac{\nu}{\mu}\right)^k \pi_0 \\
&= \frac{N\nu\pi_0}{\mu}\sum_{k=0}^{S}\frac{(N-1)!}{k!(N-k-1)!}\left(\frac{\nu}{\mu}\right)^k
\end{aligned}$$

$$= \frac{N\nu\pi_0}{\mu} \sum_{k=0}^{S} \binom{N-1}{k} \left(\frac{\nu}{\mu}\right)^k \tag{F.1}$$

次に，式 (7.3) を利用して，式 (7.18) を変形すると，次式のようになる．

$$\begin{aligned}
a_c &= \sum_{k=1}^{S} k \pi_k \\
&= \sum_{k=1}^{S} k \binom{N}{k} \left(\frac{\nu}{\mu}\right)^k \pi_0 \\
&= \sum_{k=1}^{S} k \frac{N!}{k!(N-k)!} \left(\frac{\nu}{\mu}\right)^k \pi_0 \\
&= \frac{N\nu\pi_0}{\mu} \sum_{k=1}^{S} \frac{(N-1)!}{(k-1)!(N-k)!} \left(\frac{\nu}{\mu}\right)^{k-1} \\
&= \frac{N\nu\pi_0}{\mu} \sum_{k=1}^{S} \binom{N-1}{k-1} \left(\frac{\nu}{\mu}\right)^{k-1} \\
&= \frac{N\nu\pi_0}{\mu} \sum_{k=0}^{S-1} \binom{N-1}{k} \left(\frac{\nu}{\mu}\right)^k \tag{F.2}
\end{aligned}$$

式 (F.1)，(F.2) を式 (3.7) に代入すると，

$$B = \frac{\binom{N-1}{S} \left(\frac{\nu}{\mu}\right)^S}{\sum_{k=0}^{S} \binom{N-1}{k} \left(\frac{\nu}{\mu}\right)^k} \tag{F.3}$$

となるので，式 (3.7) と式 (7.14) は同値である．

付録 G ラプラス変換

ここでは，ラプラス変換とその応用について述べる．

2.7 節で述べたように，定義域が非負の関数 $f(t)$ のラプラス変換は，次式のように与えられる．

$$\mathfrak{L}[f(t)] = \int_0^\infty e^{-st} f(t)\, \mathrm{d}t = \tilde{F}(s) \tag{G.1}$$

ここで，

$$F(t) = \int_0^t f(u)\, \mathrm{d}u \tag{G.2}$$

ならば，

$$\tilde{F}(s) = \int_0^\infty e^{-st}\, \mathrm{d}F(t) \tag{G.3}$$

と表すことができる．また，

$$\tilde{F}(s) = \left[e^{-st} F(t)\right]_0^\infty + s\int_0^\infty e^{-st} F(t)\, \mathrm{d}t = s\int_0^\infty e^{-st} F(t)\, \mathrm{d}t$$
$$= s\, \mathfrak{L}[F(t)] \tag{G.4}$$

となるので，$f(t)$ のラプラス変換 $\tilde{F}(s)$ は，$F(t)$ のラプラス変換の s 倍である．

以下にラプラス変換の性質を列挙する．

$$\mathfrak{L}[af(t) + bg(t)] = a\tilde{F}(s) + b\tilde{G}(s) \tag{G.5}$$

$$\mathfrak{L}[f(at)] = \frac{1}{a} \tilde{F}\left(\frac{s}{a}\right) \qquad (a > 0) \tag{G.6}$$

$$\mathfrak{L}[f(t-a)U(t-a)] = e^{-as}\, \tilde{F}(s) \tag{G.7}$$

$$\mathcal{L}[f(t+a)] = e^{as}\tilde{F}(s) - e^{as}\int_0^a e^{-su}f(u)\,\mathrm{d}u \tag{G.8}$$

$$\mathcal{L}[f'(t)] = s\tilde{F}(s) - f(0) \tag{G.9}$$

$$\mathcal{L}[f''(t)] = s^2\tilde{F}(s) - sf(0) - f'(0) \tag{G.10}$$

$$\mathcal{L}[f^{(n)}(t)] = s^n\tilde{F}(s) - s^{n-1}f(0) - s^{n-2}f'(0) - \cdots - f^{(n-1)}(0) \tag{G.11}$$

$$\mathcal{L}\left[\int_0^t f(u)\,\mathrm{d}u\right] = \frac{1}{s}\tilde{F}(s) \tag{G.12}$$

$$\mathcal{L}\left[\int_0^t \int_0^{u_{n-1}} \cdots \int_0^{u_1} f(u)\,\mathrm{d}u\,\mathrm{d}u_1 \cdots \mathrm{d}u_{n-1}\right] = \frac{1}{s^n}\tilde{F}(s) \tag{G.13}$$

$$\mathcal{L}[e^{at}f(t)] = \tilde{F}(s-a) \tag{G.14}$$

$$\mathcal{L}[tf(t)] = -\frac{\mathrm{d}}{\mathrm{d}s}\tilde{F}(s) \tag{G.15}$$

$$\mathcal{L}[t^n f(t)] = (-1)^n \frac{\mathrm{d}^n}{\mathrm{d}s^n}\tilde{F}(s) \tag{G.16}$$

$$\mathcal{L}\left[\frac{f(t)}{t}\right] = \int_s^\infty \tilde{F}(u)\,\mathrm{d}u \tag{G.17}$$

$$\mathcal{L}\left[\frac{f(t)}{t^n}\right] = \int_s^\infty \int_{u_{n-1}}^\infty \cdots \int_{u_1}^\infty \tilde{F}(u)\,\mathrm{d}u\,\mathrm{d}u_1\cdots\mathrm{d}u_{n-1} \tag{G.18}$$

$$\mathcal{L}[f * g(t)] = \tilde{F}(s)\tilde{G}(s) \tag{G.19}$$

ただし, a, b は定数, $n = 1, 2, 3, \ldots$, また, $U(t)$ は単位ステップ関数 (D.10) である.

例 G.1 (ラプラス変換)

1, t, t^n のラプラス変換を求めてみよう.

まず, 1 のラプラス変換は次式のようになる.

$$\mathcal{L}[1] = \int_0^\infty e^{-st}\,\mathrm{d}t = \left[-\frac{e^{-st}}{s}\right]_0^\infty = \frac{1}{s}$$

次に, t については,

$$\mathcal{L}[t] = \int_0^\infty e^{-st}\,t\,\mathrm{d}t = \left[-\frac{e^{-st}\,t}{s}\right]_0^\infty + \frac{1}{s}\int_0^\infty e^{-st}\,\mathrm{d}t$$

$$= \left[-\frac{e^{-st}\,t}{s}\right]_0^\infty + \frac{1}{s}\mathfrak{L}[1]$$

となるが，ここで，

$$\lim_{t\to\infty} e^{-st}\,t^n = 0 \qquad (\mathrm{Re}[s] > 0, \quad n = 1, 2, 3, \ldots)$$

であることから，次式が得られる．

$$\mathfrak{L}[t] = \frac{1}{s}\mathfrak{L}[1] = \frac{1}{s^2}$$

t^n のラプラス変換は次式のようになる．

$$\mathfrak{L}[t^n] = \int_0^\infty e^{-st}\,t^n\,\mathrm{d}t = \int_0^\infty t^n\,e^{-st}\,\mathrm{d}t$$

$$= \left[-\frac{t^n\,e^{-st}}{s}\right]_0^\infty + \frac{n}{s}\int_0^\infty t^{n-1}\,e^{-st}\,\mathrm{d}t$$

$$= \frac{n}{s}\mathfrak{L}[t^{n-1}] = \frac{n}{s}\frac{n-1}{s}\mathfrak{L}[t^{n-2}] = \cdots = \frac{n}{s}\frac{n-1}{s}\cdots\frac{1}{s}\mathfrak{L}[1]$$

$$= \frac{n!}{s^{n+1}}$$

ラプラス逆変換，すなわち，$\tilde{F}(s)$ から $f(t)$ を求めるには，次式の複素積分を計算する．

$$f(t) = \mathfrak{L}^{-1}[\tilde{F}(s)] = \lim_{\tau\to\infty} \frac{1}{2\pi\mathrm{i}} \int_{c-\mathrm{i}\tau}^{c+\mathrm{i}\tau} e^{st}\tilde{F}(s)\,\mathrm{d}s \qquad (\mathrm{Re}[s] \geq c) \qquad (\mathrm{G}.20)$$

ここで，iは虚数単位である．この積分を計算するためには高度な数学の知識が必要であるが，幸いなことに，実用上は $\tilde{F}(s)$ が $\dfrac{1}{s}$，$\dfrac{1}{s-a}$，$\dfrac{1}{(s-a)^2}$ などの線形結合となることが多いので，表 G.1 のラプラス変換表を利用して $f(t)$ を求めることができる．

ラプラス変換の応用の一つである r 次のモーメントを求める方法については，2.7 節で述べた．ここでは，もっとも有用な応用である微分方程式の解法を示す．

基本的には，定義域が非負の関数 $f(t)$ の微分方程式が与えられた場合に，

(1) 両辺をラプラス変換する
(2) 初期値を代入する
(3) $\tilde{F}(s)$ について解く
(4) ラプラス逆変換して $f(t)$ を得る

という手順で解く．いったん変換して，最終的には逆変換するので，まわりくどいように感じられるかもしれないが，通常の解法で行う積分操作をラプラス変換が肩代わりしてくれるので，変換表が使えるものならば，非常に簡単に解くことができる．それでは，具体例をあげよう．

表 G.1 ラプラス変換表

$f(t)$	$\tilde{F}(s)$	$f(t)$	$\tilde{F}(s)$
$\delta(t)$	1	$\delta(t-a)$	e^{-as}
$U(t)$	$\dfrac{1}{s}$	$U(t-a)$	$\dfrac{e^{-as}}{s}$
1	$\dfrac{1}{s}$	e^{at}	$\dfrac{1}{s-a}$
$\dfrac{t^{n-1}}{(n-1)!}$	$\dfrac{1}{s^n}$	$\dfrac{t^{n-1}e^{at}}{(n-1)!}$	$\dfrac{1}{(s-a)^n}$
$\sin at$	$\dfrac{a}{s^2+a^2}$	$\cos at$	$\dfrac{s}{s^2+a^2}$
$\sinh at$	$\dfrac{a}{s^2-a^2}$	$\cosh at$	$\dfrac{s}{s^2-a^2}$
$t\sin at$	$\dfrac{2as}{(s^2+a^2)^2}$	$t\cos at$	$\dfrac{s^2-a^2}{(s^2+a^2)^2}$
$t\sinh at$	$\dfrac{2as}{(s^2-a^2)^2}$	$t\cosh at$	$\dfrac{s^2+a^2}{(s^2-a^2)^2}$
$e^{bt}\sin at$	$\dfrac{a}{(s-b)^2+a^2}$	$e^{bt}\cos at$	$\dfrac{s-b}{(s-b)^2+a^2}$
$e^{bt}\sinh at$	$\dfrac{a}{(s-b)^2-a^2}$	$e^{bt}\cosh at$	$\dfrac{s-b}{(s-b)^2-a^2}$

例 G.2（微分方程式）

状態遷移速度図が図 5.7 のように表される連続時間マルコフ連鎖の遷移確率（例 5.7 参照）を求めてみよう．

具体的には，初期条件を $\boldsymbol{P}(0) = \boldsymbol{I}$ として，コルモゴロフの前進方程式 (5.51) を解くことになる．この場合，コルモゴロフの前進方程式は次の四つの微分方程式となる．

$$p'_{0,0}(t) = -\lambda p_{0,0}(t) + \mu p_{0,1}(t)$$
$$p'_{0,1}(t) = \lambda p_{0,0}(t) - \mu p_{0,1}(t)$$
$$p'_{1,0}(t) = -\lambda p_{1,0}(t) + \mu p_{1,1}(t)$$
$$p'_{1,1}(t) = \lambda p_{1,0}(t) - \mu p_{1,1}(t)$$

各微分方程式の両辺をラプラス変換すると，次のようになる．

$$s\tilde{P}_{0,0}(s) - p_{0,0}(0) = -\lambda \tilde{P}_{0,0}(s) + \mu \tilde{P}_{0,1}(s)$$

$$sP̃_{0,1}(s) - p_{0,1}(0) = \lambda P̃_{0,0}(s) - \mu P̃_{0,1}(s)$$
$$sP̃_{1,0}(s) - p_{1,0}(0) = -\lambda P̃_{1,0}(s) + \mu P̃_{1,1}(s)$$
$$sP̃_{1,1}(s) - p_{1,1}(0) = \lambda P̃_{1,0}(s) - \mu P̃_{1,1}(s)$$

それぞれ初期条件を代入すると，次のようになる．

$$sP̃_{0,0}(s) - 1 = -\lambda P̃_{0,0}(s) + \mu P̃_{0,1}(s)$$
$$sP̃_{0,1}(s) = \lambda P̃_{0,0}(s) - \mu P̃_{0,1}(s)$$
$$sP̃_{1,0}(s) = -\lambda P̃_{1,0}(s) + \mu P̃_{1,1}(s)$$
$$sP̃_{1,1}(s) - 1 = \lambda P̃_{1,0}(s) - \mu P̃_{1,1}(s)$$

これらを $P̃_{0,0}(s)$, $P̃_{0,1}(s)$, $P̃_{1,0}(s)$, $P̃_{1,1}(s)$ について解いて，部分分数展開すると，次のようになる．

$$P̃_{0,0}(s) = \frac{s+\mu}{s(s+\lambda+\mu)} = \left(\frac{\mu}{\lambda+\mu}\right)\frac{1}{s} + \left(\frac{\lambda}{\lambda+\mu}\right)\frac{1}{s+\lambda+\mu}$$
$$P̃_{0,1}(s) = \frac{\lambda}{s(s+\lambda+\mu)} = \left(\frac{\lambda}{\lambda+\mu}\right)\frac{1}{s} + \left(-\frac{\lambda}{\lambda+\mu}\right)\frac{1}{s+\lambda+\mu}$$
$$P̃_{1,0}(s) = \frac{\mu}{s(s+\lambda+\mu)} = \left(\frac{\mu}{\lambda+\mu}\right)\frac{1}{s} + \left(-\frac{\mu}{\lambda+\mu}\right)\frac{1}{s+\lambda+\mu}$$
$$P̃_{1,1}(s) = \frac{s+\lambda}{s(s+\lambda+\mu)} = \left(\frac{\lambda}{\lambda+\mu}\right)\frac{1}{s} + \left(\frac{\mu}{\lambda+\mu}\right)\frac{1}{s+\lambda+\mu}$$

これらをラプラス逆変換すると，次のように解が得られる．

$$p_{0,0}(t) = \frac{\mu}{\lambda+\mu} + \frac{\lambda}{\lambda+\mu}e^{-(\lambda+\mu)t}$$
$$p_{0,1}(t) = \frac{\lambda}{\lambda+\mu} - \frac{\lambda}{\lambda+\mu}e^{-(\lambda+\mu)t}$$
$$p_{1,0}(t) = \frac{\mu}{\lambda+\mu} - \frac{\mu}{\lambda+\mu}e^{-(\lambda+\mu)t}$$
$$p_{1,1}(t) = \frac{\lambda}{\lambda+\mu} + \frac{\mu}{\lambda+\mu}e^{-(\lambda+\mu)t}$$

付録 H

アーランB式負荷表

$S\backslash B_S$	0.001	0.005	0.01	$S\backslash B_S$	0.001	0.005	0.01
1	0.0010	0.0050	0.0101	51	33.3316	36.8523	38.8001
2	0.0458	0.1054	0.1526	52	34.1533	37.7245	39.7003
3	0.1938	0.3490	0.4555	53	34.9771	38.5983	40.6019
4	0.4393	0.7012	0.8694	54	35.8028	39.4737	41.5049
5	0.7621	1.1320	1.3608	55	36.6305	40.3506	42.4092
6	1.1459	1.6218	1.9090	56	37.4599	41.2290	43.3149
7	1.5786	2.1575	2.5009	57	38.2911	42.1089	44.2218
8	2.0513	2.7299	3.1276	58	39.1241	42.9901	45.1299
9	2.5575	3.3326	3.7825	59	39.9587	43.8727	46.0392
10	3.0920	3.9607	4.4612	60	40.7950	44.7566	46.9497
11	3.6511	4.6104	5.1599	61	41.6328	45.6418	47.8613
12	4.2314	5.2789	5.8760	62	42.4723	46.5283	48.7740
13	4.8305	5.9638	6.6072	63	43.3132	47.4160	49.6878
14	5.4464	6.6632	7.3517	64	44.1557	48.3049	50.6026
15	6.0772	7.3755	8.1080	65	44.9995	49.1949	51.5185
16	6.7215	8.0995	8.8750	66	45.8448	50.0861	52.4353
17	7.3781	8.8340	9.6516	67	46.6915	50.9783	53.3531
18	8.0459	9.5780	10.4369	68	47.5395	51.8717	54.2718
19	8.7239	10.3308	11.2301	69	48.3888	52.7661	55.1915
20	9.4115	11.0916	12.0306	70	49.2394	53.6615	56.1120
21	10.1077	11.8598	12.8378	71	50.0913	54.5579	57.0335
22	10.8121	12.6349	13.6513	72	50.9444	55.4554	57.9558
23	11.5241	13.4164	14.4705	73	51.7987	56.3537	58.8789
24	12.2432	14.2038	15.2950	74	52.6542	57.2530	59.8028
25	12.9689	14.9968	16.1246	75	53.5108	58.1533	60.7276
26	13.7008	15.7949	16.9588	76	54.3685	59.0544	61.6531
27	14.4385	16.5980	17.7974	77	55.2274	59.9564	62.5794
28	15.1818	17.4057	18.6402	78	56.0873	60.8593	63.5065
29	15.9304	18.2177	19.4869	79	56.9483	61.7630	64.4343
30	16.6839	19.0339	20.3373	80	57.8104	62.6676	65.3628
31	17.4420	19.8540	21.1912	81	58.6734	63.5729	66.2920
32	18.2047	20.6777	22.0483	82	59.5375	64.4791	67.2219
33	18.9716	21.5050	22.9087	83	60.4025	65.3860	68.1524
34	19.7426	22.3356	23.7720	84	61.2685	66.2937	69.0837
35	20.5174	23.1694	24.6381	85	62.1354	67.2021	70.0156
36	21.2960	24.0063	25.5070	86	63.0033	68.1113	70.9481
37	22.0781	24.8461	26.3785	87	63.8721	69.0212	71.8812
38	22.8636	25.6887	27.2525	88	64.7417	69.9318	72.8150
39	23.6523	26.5340	28.1288	89	65.6123	70.8431	73.7494
40	24.4442	27.3818	29.0074	90	66.4837	71.7551	74.6843
41	25.2391	28.2321	29.8882	91	67.3559	72.6677	75.6198
42	26.0369	29.0848	30.7712	92	68.2290	73.5811	76.5560
43	26.8374	29.9397	31.6561	93	69.1029	74.4950	77.4926
44	27.6407	30.7969	32.5430	94	69.9776	75.4096	78.4298
45	28.4466	31.6562	33.4317	95	70.8531	76.3248	79.3676
46	29.2549	32.5175	34.3223	96	71.7294	77.2407	80.3059
47	30.0657	33.3807	35.2146	97	72.6064	78.1571	81.2447
48	30.8789	34.2459	36.1086	98	73.4842	79.0741	82.1840
49	31.6943	35.1129	37.0042	99	74.3627	79.9917	83.1238
50	32.5119	35.9818	37.9014	100	75.2420	80.9099	84.0642

付録 I

アーランC式負荷表

$S\backslash C_S$	0.01	0.05	0.1	$S\backslash C_S$	0.01	0.05	0.1
1	0.0100	0.0500	0.1000	51	35.6370	39.3460	41.3158
2	0.1465	0.3422	0.5000	52	36.4716	40.2246	42.2167
3	0.4291	0.7876	1.0397	53	37.3077	41.1044	43.1186
4	0.8100	1.3186	1.6530	54	38.1454	41.9854	44.0214
5	1.2591	1.9052	2.3132	55	38.9846	42.8674	44.9250
6	1.7584	2.5316	3.0066	56	39.8252	43.7505	45.8296
7	2.2965	3.1882	3.7251	57	40.6673	44.6346	46.7350
8	2.8656	3.8687	4.4633	58	41.5107	45.5198	47.6412
9	3.4604	4.5687	5.2177	59	42.3554	46.4059	48.5482
10	4.0768	5.2851	5.9855	60	43.2015	47.2931	49.4561
11	4.7117	6.0154	6.7649	61	44.0489	48.1811	50.3646
12	5.3625	6.7577	7.5541	62	44.8975	49.0701	51.2740
13	6.0275	7.5107	8.3521	63	45.7473	49.9599	52.1840
14	6.7051	8.2730	9.1578	64	46.5983	50.8506	53.0948
15	7.3939	9.0438	9.9703	65	47.4504	51.7422	54.0063
16	8.0928	9.8221	10.7891	66	48.3037	52.6346	54.9185
17	8.8009	10.6072	11.6135	67	49.1581	53.5279	55.8313
18	9.5175	11.3986	12.4430	68	50.0136	54.4219	56.7447
19	10.2417	12.1958	13.2772	69	50.8701	55.3167	57.6588
20	10.9731	12.9983	14.1158	70	51.7277	56.2122	58.5736
21	11.7111	13.8056	14.9584	71	52.5863	57.1086	59.4889
22	12.4553	14.6175	15.8047	72	53.4459	58.0056	60.4048
23	13.2052	15.4337	16.6545	73	54.3064	58.9033	61.3213
24	13.9604	16.2538	17.5075	74	55.1679	59.8018	62.2384
25	14.7207	17.0777	18.3636	75	56.0304	60.7009	63.1561
26	15.4857	17.9050	19.2226	76	56.8937	61.6007	64.0743
27	16.2552	18.7357	20.0842	77	57.7580	62.5012	64.9930
28	17.0289	19.5694	20.9484	78	58.6231	63.4023	65.9122
29	17.8066	20.4062	21.8151	79	59.4891	64.3040	66.8320
30	18.5881	21.2457	22.6840	80	60.3559	65.2064	67.7523
31	19.3732	22.0879	23.5551	81	61.2236	66.1093	68.6731
32	20.1617	22.9326	24.4283	82	62.0920	67.0129	69.5943
33	20.9535	23.7797	25.3034	83	62.9613	67.9171	70.5161
34	21.7484	24.6292	26.1804	84	63.8314	68.8218	71.4383
35	22.5463	25.4808	27.0593	85	64.7022	69.7271	72.3610
36	23.3471	26.3346	27.9398	86	65.5738	70.6329	73.2841
37	24.1506	27.1904	28.8220	87	66.4461	71.5393	74.2077
38	24.9568	28.0481	29.7058	88	67.3192	72.4463	75.1317
39	25.7654	28.9077	30.5912	89	68.1930	73.3537	76.0562
40	26.5766	29.7690	31.4779	90	69.0674	74.2617	76.9810
41	27.3900	30.6322	32.3662	91	69.9426	75.1702	77.9063
42	28.2057	31.4969	33.2557	92	70.8185	76.0792	78.8320
43	29.0236	32.3633	34.1466	93	71.6950	76.9887	79.7581
44	29.8436	33.2312	35.0387	94	72.5722	77.8987	80.6846
45	30.6657	34.1006	35.9321	95	73.4501	78.8091	81.6115
46	31.4897	34.9715	36.8266	96	74.3286	79.7201	82.5388
47	32.3156	35.8438	37.7223	97	75.2077	80.6314	83.4664
48	33.1433	36.7174	38.6191	98	76.0874	81.5433	84.3945
49	33.9728	37.5923	39.5170	99	76.9678	82.4556	85.3229
50	34.8041	38.4685	40.4159	100	77.8488	83.3683	86.2516

演習問題解答

第2章

2.1 $P(A^c \cap B^c)$ を以下のように式変形する．

$$P(A^c \cap B^c) = P((A \cup B)^c) = 1 - P(A \cup B)$$
$$= 1 - (P(A) + P(B) - P(A \cap B))$$

ここで，A と B が互いに独立ならば，$P(A \cap B) = P(A)P(B)$ であるから，次式を得る．

$$P(A^c \cap B^c) = 1 - P(A) - P(B) + P(A)P(B)$$
$$= (1 - P(A))(1 - P(B))$$
$$= P(A^c)P(B^c)$$

2.2

(1) $$n\binom{n}{k} = (n-k)\binom{n}{k} + k\binom{n}{k} = (n-k)\frac{n!}{k!(n-k)!} + k\binom{n}{k}$$
$$= \frac{n!}{k!(n-k-1)!} + k\binom{n}{k}$$
$$= (k+1)\frac{n!}{(k+1)!(n-k-1)!} + k\binom{n}{k}$$
$$= (k+1)\binom{n}{k+1} + k\binom{n}{k}$$

(2) $$k\binom{n}{k} = k\frac{n!}{k!(n-k)!} = \frac{n!}{(k-1)!(n-k)!} = n\frac{(n-1)!}{(k-1)!(n-k)!}$$
$$= n\binom{n-1}{k-1}$$

(3) $$\binom{k}{n} = \frac{k(k-1)\cdots(k-n+1)}{n!}$$

$n > k \geq 0$ より，分子に必ず 0 が現れるので，この式の値は 0 である．

2.3 X の密度関数を $f(x)$，微小区間長を Δ とすると，

$$P(X = k\Delta) = \Delta f(k\Delta)$$

とみなすことができるので，X の分布関数 $F(x)$ を

$$F(k\Delta) = \sum_{i=1}^{k} \Delta f(i\Delta)$$

と表すことができる．

$\int_0^\infty F^c(x)\,\mathrm{d}x$ は解図 1 の色のついた部分の面積であるから，

$$\int_0^\infty F^c(x)\,\mathrm{d}x = \sum_{i=1}^{\infty} i\Delta \cdot \Delta f(i\Delta)$$

となる．右辺は X の平均を表しているから，次式が成立する．

$$\int_0^\infty F^c(x)\,\mathrm{d}x = E[X]$$

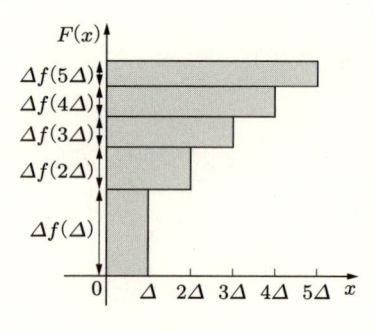

解図 1

（補足） 同様の手法により，負の値のみをとる確率変数 X について，

$$-\int_{-\infty}^{0} F(x)\,\mathrm{d}x = E[X]$$

の成立を示すことができる．したがって，一般に，次式が成立する．

$$\int_0^\infty F^c(x)\,\mathrm{d}x - \int_{-\infty}^{0} F(x)\,\mathrm{d}x = E[X]$$

2.4 X と Y の結合分布関数を $F_{X,Y}(x,y)$，X の周辺分布関数を $F_X(x)$，Y の周辺分布関数を $F_Y(y)$ とする．

(1) $\displaystyle E[aX+b] = \int_{-\infty}^{\infty}(ax+b)\,\mathrm{d}F_X(x) = a\int_{-\infty}^{\infty} x\,\mathrm{d}F_X(x) + b\int_{-\infty}^{\infty}\mathrm{d}F_X(x)$
$= aE[X] + b$

(2) $\quad\displaystyle E[X+Y] = \int_{-\infty}^{\infty}\int_{-\infty}^{\infty}(x+y)\,\mathrm{d}F_{X,Y}(x,y)$

$\displaystyle \qquad\qquad = \int_{-\infty}^{\infty}\int_{-\infty}^{\infty} x\,\mathrm{d}F_{X,Y}(x,y) + \int_{-\infty}^{\infty}\int_{-\infty}^{\infty} y\,\mathrm{d}F_{X,Y}(x,y)$

$\displaystyle \qquad\qquad = \int_{-\infty}^{\infty} x\,\mathrm{d}F_X(x) + \int_{-\infty}^{\infty} y\,\mathrm{d}F_Y(y)$

$\displaystyle \qquad\qquad = E[X] + E[Y]$

（補足）この式は，X と Y が互いに独立であるか否かにかかわらず，成立する．

(3) 式 (2.65) と式 (2.105) を利用して式変形する．

$$E[XY] = \int_{-\infty}^{\infty}\int_{-\infty}^{\infty} xy\,\mathrm{d}F_{X,Y}(x,y)$$

X と Y が互いに独立ならば $F_{X,Y}(x,y) = F_X(x)F_Y(y)$ が成り立つので，次のように変形することができる．

$$E[XY] = \int_{-\infty}^{\infty}\int_{-\infty}^{\infty} xy\,\mathrm{d}F_X(x)\,\mathrm{d}F_Y(y) = \int_{-\infty}^{\infty} x\,\mathrm{d}F_X(x) \int_{-\infty}^{\infty} y\,\mathrm{d}F_Y(y)$$

$$= E[X]E[Y]$$

(4) 式 (2.73) と (1) を利用して式変形する．

$\displaystyle V[aX+b] = E[(aX+b)^2] - E[aX+b]^2$

$\displaystyle \qquad\qquad = E[a^2X^2 + 2abX + b^2] - (aE[X]+b)^2$

$\displaystyle \qquad\qquad = a^2E[X^2] + 2abE[X] + b^2 - a^2E[X]^2 - 2abE[X] - b^2$

$\displaystyle \qquad\qquad = a^2(E[X^2] - E[X]^2)$

$\displaystyle \qquad\qquad = a^2V[X]$

(5) 式 (2.73) と (1) および (2) を利用して式変形する．

$\displaystyle V[X+Y] = E[(X+Y)^2] - E[X+Y]^2$

$\displaystyle \qquad\qquad = E[X^2 + 2XY + Y^2] - (E[X]+E[Y])^2$

$\displaystyle \qquad\qquad = E[X^2] + 2E[XY] + E[Y^2] - E[X]^2 - 2E[X]E[Y] - E[Y]^2$

X と Y が互いに独立ならば $E[XY] = E[X]E[Y]$ が成り立つので，次のように変形することができる．

$$V[X+Y] = E[X^2] + E[Y^2] - E[X]^2 - E[Y]^2 = V[X] + V[Y]$$

第3章

3.1 期間 $(s,t]$ における到着呼数を $A(s,t]$ とする．到着率 λ のポアソン到着において，期間 $(0,t]$ で k 呼到着する確率 $P(A(0,t]=k)$ は，

$$P(A(0,t]=k) = \frac{(\lambda t)^k}{k!}e^{-\lambda t}$$

であるので，このことを利用する．

(1) 求める確率 $P(A(0,s]=1)$ は，次式のようになる．

$$P(A(0,s]=1) = \lambda s e^{-\lambda s}$$

(2) ポアソン到着では，ある期間に到着する呼数は観測開始時刻に依存しない．したがって，求める確率は次式のようになる．

$$P(A(s,t]=0) = P(A(0,t-s]=0) = e^{-\lambda(t-s)}$$

(3) 期間 $(0,s]$ で 1 呼到着し，期間 $(s,t]$ では到着しなかったということになるので，求める条件付確率は次式のようになる．

$$P(A(0,s]=1, A(s,t]=0 \mid A(0,t]=1) = \frac{\lambda s e^{-\lambda s} \times e^{-\lambda(t-s)}}{\lambda t e^{-\lambda t}} = \frac{s}{t}$$

（補足） 求める条件付確率は，区間 $(0,t]$ での一様分布の分布関数である．

3.2 到着率 λ でポアソン到着している呼の到着間隔は，パラメータ λ の指数分布に従う．k 呼の到着に要する時間は，互いに独立で同一な k 個の指数分布に従う間隔の和となるので，その密度関数は指数分布の密度関数の k 重畳み込みとなる．したがって，k 次のアーラン分布に従う．

3.3 題意より，$N=n$ のとき，$X=x$ となる確率は

$$P(X=x \mid N=n) = \binom{n}{x} p^x (1-p)^{n-x}$$

である．また，$N=n$ となる確率は次式のようになる．

$$P(N=n) = \frac{\lambda^n}{n!}e^{-\lambda}$$

到着呼数 $X=x$ であるためには，微小時間数 $N \geq x$ でなければならないから，

$$P(X=x) = \sum_{n=x}^{\infty} P(N=n)P(X=x \mid N=n)$$

$$= \sum_{n=x}^{\infty} \frac{\lambda^n}{n!}e^{-\lambda}\binom{n}{x} p^x (1-p)^{n-x}$$

$$= e^{-\lambda} p^x \sum_{n=x}^{\infty} \frac{\lambda^n}{n!} \frac{n!}{x!(n-x)!} (1-p)^{n-x}$$

$$= \frac{e^{-\lambda} p^x}{x!} \sum_{n=x}^{\infty} \frac{\lambda^n}{(n-x)!} (1-p)^{n-x} = \frac{e^{-\lambda} p^x \lambda^x}{x!} \sum_{i=0}^{\infty} \frac{\lambda^i}{i!} (1-p)^i$$

$$= \frac{e^{-\lambda} p^x \lambda^x}{x!} e^{(1-p)\lambda} = \frac{(p\lambda)^x}{x!} e^{-p\lambda}$$

となる．したがって，X はパラメータ $p\lambda$ のポアソン分布に従う．

第5章

5.1 二つの確率行列を U, V とし，それらの第 (i,j) 成分をそれぞれ $u_{i,j}$, $v_{i,j}$ とする．UV の第 (i,j) 成分は $\sum_k u_{i,k} v_{k,j}$ であるから，第 i 行の成分の総和は

$$\sum_j \sum_k u_{i,k} v_{k,j} = \sum_j (u_{i,0} v_{0,j} + u_{i,1} v_{1,j} + u_{i,2} v_{2,j} + \cdots)$$

$$= u_{i,0} \sum_j v_{0,j} + u_{i,1} \sum_j v_{1,j} + u_{i,2} \sum_j v_{2,j} + \cdots$$

となる．V は確率行列であり，すべての i について $\sum_j v_{i,j} = 1$ であるから，

$$\sum_j \sum_k u_{i,k} v_{k,j} = u_{i,0} + u_{i,1} + u_{i,2} + \cdots$$

となる．U も確率行列であり，すべての i について $\sum_j u_{i,j} = 1$ であるから，結局，

$$\sum_j \sum_k u_{i,k} v_{k,j} = 1$$

となる．

以上のことが，すべての行について成立するので，題意は示された．

5.2 P は確率行列であるので，演習問題 5.1 より，P^2 もまた確率行列である．

P の第 (i,j) 成分を $p_{i,j}$ とすると，P^2 の第 (i,j) 成分は $\sum_k p_{i,k} p_{k,j}$ であるから，第 j 列の成分の総和は

$$\sum_i \sum_k p_{i,k} p_{k,j} = \sum_i (p_{i,0} p_{0,j} + p_{i,1} p_{1,j} + p_{i,2} p_{2,j} + \cdots)$$

$$= p_{0,j} \sum_i p_{i,0} + p_{1,j} \sum_i p_{i,1} + p_{2,j} \sum_i p_{i,2} + \cdots$$

となる．P は二重確率行列であり，すべての j について $\sum_i p_{i,j} = 1$ であるから，

$$\sum_i \sum_k p_{i,k} p_{k,j} = p_{0,j} + p_{1,j} + p_{2,j} + \cdots$$

となり，すべての列について成分の総和は 1 となる．したがって，P^2 は二重確率行列である．

以下，帰納的に，任意の自然数 n について P^n は二重確率行列となるので，$\lim_{n\to\infty} P^n$ も二重確率行列となる．

エルゴード的な離散時間マルコフ連鎖では，$\lim_{n\to\infty} P^n$ の各行は極限分布に収束するので，状態数が $K+1$ であれば，必然的にすべての成分が $\dfrac{1}{K+1}$ となる．

以上で，題意は示された．

5.3 状態遷移速度図より，遷移速度行列 Q は次式のようになる．

$$Q = \begin{bmatrix} -\alpha & \alpha & 0 \\ 0 & -\beta & \beta \\ \gamma & 0 & -\gamma \end{bmatrix}$$

大域平衡方程式 $\pi Q = 0$ は

$$-\alpha\pi_0 + \gamma\pi_2 = 0 \quad (1), \qquad \alpha\pi_0 - \beta\pi_1 = 0 \quad (2), \qquad \beta\pi_1 - \gamma\pi_2 = 0 \quad (3)$$

となるので，これらと

$$\pi_0 + \pi_1 + \pi_2 = 1 \tag{4}$$

を連立させて解く．

式 (2), (1) よりそれぞれ

$$\pi_1 = \frac{\alpha}{\beta}\pi_0 \quad (5), \qquad \pi_2 = \frac{\alpha}{\gamma}\pi_0 \quad (6)$$

となる．式 (5), (6) を式 (4) に代入すると

$$\pi_0 + \frac{\alpha}{\beta}\pi_0 + \frac{\alpha}{\gamma}\pi_0 = 1$$

となるので，π_0 について解くと，

$$\pi_0 = \frac{\beta\gamma}{\beta\gamma + \gamma\alpha + \alpha\beta} \tag{7}$$

となる．式 (7) を式 (5) に代入すると

$$\pi_1 = \frac{\alpha}{\beta} \times \frac{\beta\gamma}{\beta\gamma + \gamma\alpha + \alpha\beta} = \frac{\gamma\alpha}{\beta\gamma + \gamma\alpha + \alpha\beta}$$

となり，式 (7) を式 (6) に代入すると

$$\pi_2 = \frac{\alpha}{\gamma} \times \frac{\beta\gamma}{\beta\gamma + \gamma\alpha + \alpha\beta} = \frac{\alpha\beta}{\beta\gamma + \gamma\alpha + \alpha\beta}$$

となる．したがって，定常分布 $\boldsymbol{\pi}$ は次式のようになる．

$$\boldsymbol{\pi} = \left[\frac{\beta\gamma}{\alpha\beta + \beta\gamma + \gamma\alpha},\ \frac{\gamma\alpha}{\alpha\beta + \beta\gamma + \gamma\alpha},\ \frac{\alpha\beta}{\alpha\beta + \beta\gamma + \gamma\alpha} \right]$$

第 6 章

6.1 コルモゴロフの前進方程式は，

$$\frac{\mathrm{d}\pi_0(t)}{\mathrm{d}t} = -\lambda_0 \pi_0(t)$$

$$\frac{\mathrm{d}\pi_k(t)}{\mathrm{d}t} = \lambda_{k-1}\pi_{k-1}(t) - \lambda_k \pi_k(t) \qquad (k = 1, 2, 3, \ldots)$$

である．各微分方程式の両辺をラプラス変換すると，

$$s\tilde{\Pi}_0(s) - \pi_0(0) = -\lambda_0 \tilde{\Pi}_0(s)$$

$$s\tilde{\Pi}_k(s) - \pi_k(0) = \lambda_{k-1}\tilde{\Pi}_{k-1}(s) - \lambda_k \tilde{\Pi}_k(s) \qquad (k = 1, 2, 3, \ldots)$$

となる．ここで，初期分布 $\boldsymbol{\pi}(0) = [\,1, 0, 0, \ldots\,]$ であるから，

$$\tilde{\Pi}_0(s) = \frac{1}{s + \lambda_0}$$

$$\tilde{\Pi}_k(s) = \frac{\lambda_{k-1}}{s + \lambda_k} \tilde{\Pi}_{k-1}(s) \qquad (k = 1, 2, 3, \ldots)$$

となるので，両辺をラプラス逆変換すると，次のようになる．

$$\pi_0(t) = e^{-\lambda_0 t}$$

$$\pi_k(t) = \lambda_{k-1} \int_0^t e^{-\lambda_k(t-u)} \pi_{k-1}(u)\, \mathrm{d}u$$

$$\qquad\quad = \lambda_{k-1} e^{-\lambda_k t} \int_0^t e^{\lambda_k u} \pi_{k-1}(u)\, \mathrm{d}u \qquad (k = 1, 2, 3, \ldots)$$

（補足） 同様にして，一般的な純死滅過程については，次のようになる．

$$\pi_K(t) = e^{-\mu_K t}$$

$$\pi_k(t) = \mu_{k+1} e^{-\mu_k t} \int_0^t e^{\mu_k u} \pi_{k+1}(u)\, \mathrm{d}u \quad (k = K-1, K-2, \ldots, 1)$$

$$\pi_0(t) = \int_0^t \mu_1 \pi_1(u)\, \mathrm{d}u$$

6.2

(1) 期間 $(0, t]$ での出生数が k である確率 $P(X(t) = k)$ は

$$P(X(t) = k) = \frac{(\lambda t)^k}{k!} e^{-\lambda t}$$

であるので，求める確率 $P(X(t) \geq 2)$ は次式のようになる．

$$P(X(t) \geq 2) = 1 - P(X(t) = 0) - P(X(t) = 1) = 1 - e^{-\lambda t} - \lambda t e^{-\lambda t}$$

(2) (1) の結果を利用すると，次式のようになる．

$$\lim_{t \to 0} \frac{P(X(t) \geq 2)}{t} = \lim_{t \to 0} \frac{1 - e^{-\lambda t} - \lambda t e^{-\lambda t}}{t}$$

$$= \lim_{t \to 0} \left(\frac{1 - e^{-\lambda t}}{t} - \lambda e^{-\lambda t} \right) = 0$$

(3) (2) の結果から $P(X(t) \geq 2)$ を $o(t)$ とかくことができるので，これは同時に複数の出生が起こることはないと考えてよいことを意味している．

6.3

(1) $\lambda_k = k\lambda$, $\mu_k = k\mu$ を式 (6.45) に代入すると，次式のように遷移速度行列 $\boldsymbol{Q}$ が得られる．

$$\boldsymbol{Q} = \begin{bmatrix} 0 & 0 & & & & \boldsymbol{O} \\ \mu & -(\mu+\lambda) & \lambda & & & \\ & 2\mu & -2(\mu+\lambda) & 2\lambda & & \\ & & 3\mu & -3(\mu+\lambda) & \ddots & \\ \boldsymbol{O} & & & \ddots & \ddots & \end{bmatrix}$$

(2) (1) で得られた $\boldsymbol{Q}$ を式 (5.53) に適用すると，次のようなコルモゴロフの前進方程式が得られる．

$$\frac{\mathrm{d}\pi_0(t)}{\mathrm{d}t} = \mu \pi_1(t)$$

$$\frac{\mathrm{d}\pi_k(t)}{\mathrm{d}t} = (k-1)\lambda \pi_{k-1}(t) - k(\mu+\lambda)\pi_k(t) + (k+1)\mu \pi_{k+1}(t) \quad (k = 1, 2, 3, \ldots)$$

(3) $E[X(t)]$ を微分すると，次式のようになる．

$$\frac{dE[X(t)]}{dt} = \sum_{k=0}^{\infty} k \frac{d\pi_k(t)}{dt} = \sum_{k=1}^{\infty} k \frac{d\pi_k(t)}{dt}$$

$$= \sum_{k=1}^{\infty} (\, k(k-1)\lambda \pi_{k-1}(t) - k^2(\mu+\lambda)\pi_k(t) + k(k+1)\mu \pi_{k+1}(t) \,)$$

$$= \sum_{k=0}^{\infty} (k+1)k\lambda \pi_k(t) - \sum_{k=0}^{\infty} k^2(\mu+\lambda)\pi_k(t) + \sum_{k=0}^{\infty} (k-1)k\mu \pi_k(t)$$

$$= \sum_{k=0}^{\infty} k(\lambda-\mu)\pi_k(t)$$

したがって，$E[X(t)]$ が満足すべき微分方程式は，次式のようになる．

$$\frac{dE[X(t)]}{dt} = (\lambda-\mu)E[X(t)]$$

(4) (3) で得られた微分方程式を形式的に

$$\frac{dE[X(t)]}{E[X(t)]} = (\lambda-\mu)dt$$

と変形し，両辺積分すると，

$$\int \frac{dE[X(t)]}{E[X(t)]} = \int (\lambda-\mu)\, dt$$

$$\ln E[X(t)] = (\lambda-\mu)t + C_1$$

となる．ただし，C_1 は積分定数である．e^{C_1} をあらためて C とおくと，

$$E[X(t)] = Ce^{(\lambda-\mu)t}$$

となる．ここで，$E[X(0)] = i$ より，$C = i$ となるので，$E[X(t)]$ は次式のようになる．

$$E[X(t)] = ie^{(\lambda-\mu)t}$$

（補足） この過程を**線形成長モデル**という．微生物の個体数を表現するモデルなどに使われる．

第 7 章
7.1
(1) $F_{\min}(x)$ を変形すると，次式のようになる．

$$F_{\min}(x) = P(\min[X_1, X_2, \ldots, X_n] \leq x)$$

$$= 1 - P(\min[X_1, X_2, \ldots, X_n] > x)$$
$$= 1 - P(X_1 > x, X_2 > x, \ldots, X_n > x)$$

ここで，$X_1, X_2, \ldots, X_n$ は互いに独立であるから，次式が成り立つ．

$$F_{\min}(x) = 1 - P(X_1 > x)P(X_2 > x)\cdots P(X_n > x)$$

したがって，$F_{\min}(x)$ は次式のようになる．

$$F_{\min}(x) = 1 - e^{-(\mu_1 + \mu_2 + \cdots + \mu_n)x}$$

(2) $F_{\max}(x)$ を変形すると，次式のようになる．

$$F_{\max}(x) = P(\max[X_1, X_2, \ldots, X_n] \leq x)$$
$$= P(X_1 \leq x, X_2 \leq x, \ldots, X_n \leq x)$$

ここで，$X_1, X_2, \ldots, X_n$ は互いに独立であるから，次式が成り立つ．

$$F_{\max}(x) = P(X_1 \leq x)P(X_2 \leq x)\cdots P(X_n \leq x)$$

したがって，$F_{\max}(x)$ は次式のようになる．

$$F_{\max}(x) = \prod_{i=1}^{n}(1 - e^{-\mu_i x})$$

7.2 式 (7.6) より，$P(X = k)$ は次式のようになる．

$$P(X = k) = \frac{\binom{N}{k}\left(\frac{\nu}{\mu}\right)^k}{\sum_{i=0}^{S}\binom{N}{i}\left(\frac{\nu}{\mu}\right)^i}$$

$S = N$ として，式変形する．また，式を見やすくするため，$\frac{1}{\mu} = h$ とおく．

$$P(X = k) = \frac{\binom{N}{k}(\nu h)^k}{\sum_{i=0}^{N}\binom{N}{i}(\nu h)^i} = \frac{\binom{N}{k}(\nu h)^k}{(1 + \nu h)^N}$$

$$= \binom{N}{k}\left(\frac{\nu h}{1+\nu h}\right)^k \left(\frac{1}{1+\nu h}\right)^{N-k}$$

$$= \binom{N}{k}\left(\frac{\nu h}{1+\nu h}\right)^k \left(1 - \frac{\nu h}{1+\nu h}\right)^{N-k}$$

したがって，$S = N$ のとき，次式のようになる．

$$P(X = k) = \binom{N}{k} \left(\frac{\nu}{\mu + \nu}\right)^k \left(1 - \frac{\nu}{\mu + \nu}\right)^{N-k}$$

これは，試行回数を N，成功確率を $\nu/(\mu + \nu)$ とする二項分布の確率関数である．

7.3 $S = 1$ のときは明らかに成立するので，$S \geq 1$ のときについて示す．

$$G_S = \frac{\binom{N-1}{S}\left(\frac{\nu}{\mu}\right)^S}{\displaystyle\sum_{i=0}^{S} \binom{N-1}{i}\left(\frac{\nu}{\mu}\right)^i}$$

において，$S = S - 1$ とすると，

$$G_{S-1} = \frac{\binom{N-1}{S-1}\left(\frac{\nu}{\mu}\right)^{S-1}}{\displaystyle\sum_{i=0}^{S-1} \binom{N-1}{i}\left(\frac{\nu}{\mu}\right)^i}$$

$$= \frac{\dfrac{S}{N-S}\left(\dfrac{\nu}{\mu}\right)^{-1}\binom{N-1}{S}\left(\dfrac{\nu}{\mu}\right)^S}{\displaystyle\sum_{i=0}^{S}\binom{N-1}{i}\left(\dfrac{\nu}{\mu}\right)^i - \binom{N-1}{S}\left(\dfrac{\nu}{\mu}\right)^S}$$

となる．したがって，

$$\frac{1}{G_{S-1}} = \frac{(N-S)\nu}{S\mu}\left(\frac{1}{G_S} - 1\right)$$

となるので，これを G_S について解くと，次式が得られる．

$$G_S = \frac{(N-S)\nu G_{S-1}}{S\mu + (N-S)\nu G_{S-1}}$$

7.4 まず，エングセットの即時式交換線群における定常確率を表す式 (7.6) の分子を式変形する．

$$\binom{N}{k}\left(\frac{\nu}{\mu}\right)^k = \frac{N!}{(N-k)!k!}\left(\frac{\nu}{\mu}\right)^k$$

$$= \frac{N(N-1)\cdots(N-k+1)}{k!}\frac{1}{N^k}\left(\frac{N\nu}{\mu}\right)^k$$

$$= \frac{N}{N}\frac{N-1}{N}\cdots\frac{N-k+1}{N}\frac{1}{k!}\left(\frac{N\nu}{\mu}\right)^k$$

$$= 1\left(1-\frac{1}{N}\right)\cdots\left(1-\frac{k-1}{N}\right)\frac{1}{k!}\left(\frac{N\nu}{\mu}\right)^k$$

ここで，$\frac{N\nu}{\mu} = a$ を一定に保ったまま $N \to \infty$ とすると，次式が得られる．

$$\binom{N}{k}\left(\frac{\nu}{\mu}\right)^k \to \frac{a^k}{k!} \quad (N \to \infty)$$

したがって，

$$\frac{\binom{N}{k}\left(\frac{\nu}{\mu}\right)^k}{\sum_{i=0}^{S}\binom{N}{i}\left(\frac{\nu}{\mu}\right)^i} \to \frac{\frac{a^k}{k!}}{\sum_{i=0}^{S}\frac{a^i}{i!}} \quad (N \to \infty)$$

となる．これは，アーランの即時式交換線群における定常確率である式 (7.26) であるから，入線数 N が無限大のエングセットの即時式交換線群は，アーランの即時式交換線群と等価となる．

7.5 $S=1$ のときは明らかに成立するので，$S \geq 1$ のときについて示す．

$$E_S = \frac{\frac{a^S}{S!}}{\sum_{i=0}^{S}\frac{a^i}{i!}}$$

において，$S = S-1$ とすると，

$$E_{S-1} = \frac{\frac{a^{S-1}}{(S-1)!}}{\sum_{i=0}^{S-1}\frac{a^i}{i!}} = \frac{\frac{S}{a}\frac{a^S}{S!}}{\sum_{i=0}^{S}\frac{a^i}{i!} - \frac{a^S}{S!}}$$

となる．したがって，

$$\frac{1}{E_{S-1}} = \frac{a}{SE_S} - \frac{a}{S} = \frac{a - aE_S}{SE_S}$$

となるので，これを E_S について解くと，次式が得られる．

$$E_S = \frac{aE_{S-1}}{S + aE_{S-1}}$$

第8章

8.1 与式を次のように変形すると，$a_c = a$ となる．

$$a_c = \sum_{k=0}^{S} k\pi_k + \sum_{k=S+1}^{\infty} S\pi_k$$

$$= \sum_{k=1}^{S} \frac{ka^k}{k!}\pi_0 + \sum_{k=S+1}^{\infty} \frac{Sa^S}{S!}\rho^{k-S}\pi_0$$

$$= a\sum_{k=1}^{S} \frac{a^{k-1}}{(k-1)!}\pi_0 + S\rho\sum_{k=S+1}^{\infty} \frac{a^S}{S!}\rho^{k-S-1}\pi_0$$

$$= a\sum_{k=0}^{S-1} \frac{a^k}{k!}\pi_0 + a\sum_{k=S}^{\infty} \frac{a^S}{S!}\rho^{k-S}\pi_0 = a\sum_{k=0}^{\infty} \pi_k = a$$

8.2 まず，アーラン C 式を変形する．

$$C_S = \frac{a^S}{S!}\frac{S}{S-a} \times \frac{1}{\displaystyle\sum_{k=0}^{S-1}\frac{a^k}{k!} + \frac{a^S}{S!}\frac{S}{S-a}}$$

$$= \frac{a^S}{S!}\frac{S}{S-a} \times \frac{1}{\displaystyle\sum_{k=0}^{S-1}\frac{a^k}{k!} + \frac{a^S}{S!} - \frac{a^S}{S!} + \frac{a^S}{S!}\frac{S}{S-a}}$$

$$= \frac{a^S}{S!}\frac{S}{S-a} \times \frac{1}{\displaystyle\sum_{k=0}^{S}\frac{a^k}{k!} + \frac{a^S}{S!}\frac{a}{S-a}}$$

これより，

$$\frac{1}{C_S} = \frac{\displaystyle\sum_{k=0}^{S}\frac{a^k}{k!} + \frac{a^S}{S!}\frac{a}{S-a}}{\dfrac{a^S}{S!}\dfrac{S}{S-a}} = \frac{S-a}{SB_S} + \frac{a}{S} = \frac{S-a+aB_S}{SB_S}$$

となるので，B_S と C_S の間に次式のような関係が成立する．

$$C_S = \frac{SB_S}{S-a(1-B_S)}$$

8.3 式 (8.10) を変形する．

$$\frac{1}{C_S} = \frac{S - a(1 - B_S)}{SB_S} = \frac{1}{B_S} - \frac{a(1 - B_S)}{SB_S} \tag{8}$$

また，

$$B_S = \frac{aB_{S-1}}{S + aB_{S-1}}$$

を B_{S-1} について解くと，

$$B_{S-1} = \frac{SB_S}{a(1 - B_S)} \tag{9}$$

となる．したがって，式 (8), (9) より，次式が成立する．

$$\frac{1}{C_S} = \frac{1}{B_S} - \frac{1}{B_{S-1}}$$

8.4
$$E[L] = \sum_{k=0}^{\infty} k\pi_k = \sum_{k=0}^{S} k\pi_k + \sum_{k=S+1}^{\infty} k\pi_k$$

$$= \sum_{k=1}^{S} k\pi_k + \sum_{k=S+1}^{\infty} S\pi_k + \sum_{k=S+1}^{\infty} (k - S)\pi_k$$

$$= \sum_{k=1}^{S} k \frac{a^k}{k!} \pi_0 + \sum_{k=S+1}^{\infty} S \frac{a^k}{S! S^{k-S}} \pi_0 + E[L_q]$$

$$= a \sum_{k=1}^{S} \frac{a^{k-1}}{(k-1)!} \pi_0 + a \sum_{k=S+1}^{\infty} \frac{a^{k-1}}{S! S^{k-S-1}} \pi_0 + E[L_q]$$

$$= a \sum_{k=0}^{S-1} \frac{a^k}{k!} \pi_0 + a \sum_{k=S}^{\infty} \frac{a^k}{S! S^{k-S}} \pi_0 + E[L_q]$$

$$= a + E[L_q]$$

第 9 章
9.1
(1) 状態が k のときの待ち行列長は $k-1$ であるから，平均待ち行列長 $E[L_q]$ は次式のようになる．

$$E[L_q] = \sum_{k=1}^{\infty} (k-1)\pi_k = \sum_{k=1}^{\infty} k\pi_k - \sum_{k=1}^{\infty} \pi_k$$

$$= (1-\rho)\sum_{k=1}^{\infty} k\rho^k - (1-\rho)\sum_{k=1}^{\infty} \rho^k = \frac{\rho}{1-\rho} - \rho = \frac{\rho^2}{1-\rho}$$

(2) リトルの公式 (4.13) を利用して，平均待ち時間 $E[W_q]$ を求めると，次式のようになる．

$$E[W_q] = \frac{E[L_q]}{\lambda} = \frac{\rho^2}{\lambda(1-\rho)}$$

(3) ある到着客の見る状態が k であるとすると，その客の待ち時間分布は k 次のアーラン分布となる．したがって，このときの待ち時間の分布関数は，次式のようになる．

$$P(W_q \le t \mid 到着客の見る状態が k) = 1 - \sum_{i=0}^{k-1} \frac{(\mu t)^i}{i!} e^{-\mu t}$$

PASTA の性質を利用して条件を外すと，待ち時間の分布関数 $W_q(t)$ は次式のようになる．

$$\begin{aligned}
W_q(t) &= \pi_0 + \sum_{k=1}^{\infty} \pi_k P(W_q \le t \mid 到着客の見る状態が k) \\
&= \pi_0 + \sum_{k=1}^{\infty} \pi_k \left(1 - \sum_{i=0}^{k-1} \frac{(\mu t)^i}{i!} e^{-\mu t}\right) = \sum_{k=0}^{\infty} \pi_k - \sum_{k=1}^{\infty} \pi_k \sum_{i=0}^{k-1} \frac{(\mu t)^i}{i!} e^{-\mu t} \\
&= 1 - \sum_{k=1}^{\infty} (1-\rho)\rho^k \sum_{i=0}^{k-1} \frac{(\mu t)^i}{i!} e^{-\mu t} = 1 - (1-\rho)e^{-\mu t} \sum_{k=1}^{\infty} \rho^k \sum_{i=0}^{k-1} \frac{(\mu t)^i}{i!}
\end{aligned}$$

ここで，

$$\begin{aligned}
\sum_{k=1}^{\infty} x_k \sum_{i=0}^{k-1} y_i &= x_1 y_0 + x_2(y_0 + y_1) + x_3(y_0 + y_1 + y_2) + \cdots \\
&= y_0(x_1 + x_2 + \cdots) + y_1(x_2 + x_3 + \cdots) \\
&\quad + y_2(x_3 + x_4 + \cdots) + \cdots = \sum_{i=0}^{\infty} y_i \sum_{k=i+1}^{\infty} x_k
\end{aligned}$$

であるから，これを利用して，式変形を続けると次式のようになる．

$$\begin{aligned}
W_q(t) &= 1 - (1-\rho)e^{-\mu t} \sum_{i=0}^{\infty} \frac{(\mu t)^i}{i!} \sum_{k=i+1}^{\infty} \rho^k \\
&= 1 - (1-\rho)e^{-\mu t} \sum_{i=0}^{\infty} \frac{(\mu t)^i}{i!} \frac{\rho^{i+1}}{1-\rho}
\end{aligned}$$

$$= 1 - \rho e^{-\mu t} \sum_{i=0}^{\infty} \frac{(\mu \rho t)^i}{i!} = 1 - \rho e^{-\mu t} e^{\mu \rho t}$$

$$= 1 - \rho e^{-(1-\rho)\mu t} = 1 - \rho e^{-(\mu - \lambda)t}$$

(別解の方針)

$$w_{\mathrm{q}}(t) = \sum_{k=1}^{\infty} \pi_k \frac{(\mu t)^k}{t(k-1)!} e^{-\mu t} \qquad (t > 0)$$

により,密度関数 $w_{\mathrm{q}}(t)$ を求め,

$$W_{\mathrm{q}}(t) = \pi_0 + \int_0^t w_{\mathrm{q}}(u) \, \mathrm{d}u$$

により,分布関数 $W_{\mathrm{q}}(t)$ を得る.

9.2 式 (9.99) の両辺を微分すると,次式のようになる.

$$h\tilde{R}(s) + sh\tilde{R}'(s) = -H'(s)$$

さらに両辺を微分すると,次式のようになる.

$$2h\tilde{R}'(s) + sh\tilde{R}''(s) = -H''(s)$$

両辺の微分を繰り返すと,次式が得られる.

$$nh\tilde{R}^{(n-1)}(s) + sh\tilde{R}^{(n)}(s) = -H^{(n)}(s) \tag{10}$$

なぜなら,$k = 1, 2, 3, \ldots$ について,左辺第 2 項の微分が

$$\frac{\mathrm{d}\, sh\tilde{R}^{(k)}(s)}{\mathrm{d}s} = h\tilde{R}^{(k)}(s) + sh\tilde{R}^{(k+1)}(s)$$

となるからである.

式 (10) を $\tilde{R}^{(n)}(s)$ について解くと,次式のようになる.

$$\tilde{R}^{(n)}(s) = -\frac{H^{(n)}(s)}{sh} - \frac{n\tilde{R}^{(n-1)}(s)}{s}$$

$s \to 0$ のとき,右辺が不定形となるが,ロピタルの定理を用いると

$$\tilde{R}^{(n)}(0) = -\frac{\tilde{H}^{(n+1)}(0)}{h} - n\tilde{R}^{(n)}(0)$$

となるので,次式が得られる.

$$\tilde{R}^{(n)}(0) = -\frac{\tilde{H}^{(n+1)}(0)}{(n+1)h}$$

したがって，式 (2.78) より，
$$E[R^n] = \frac{E[H^{n+1}]}{(n+1)h}$$

が成立する．

9.3 例 9.5 より，
$$r(t) = \mu e^{-\mu t}$$

である．また，例 2.16 より，
$$r^{(*j)}(t) = \frac{\mu^j t^{j-1}}{(j-1)!} e^{-\mu t}$$

である．ベネスの公式 (9.114) に代入して，式変形すると，次のような待ち時間の密度関数 $w_\mathrm{q}(t)$ が得られる．

$$\begin{aligned}
w_\mathrm{q}(t) &= (1-\rho) \sum_{j=0}^{\infty} \rho^j \frac{\mu^j t^{j-1}}{(j-1)!} e^{-\mu t} \\
&= (1-\rho)\rho\mu e^{-\mu t} \sum_{j=0}^{\infty} \frac{j(\rho\mu t)^{j-1}}{j!} \\
&= (1-\rho)\rho\mu e^{-\mu t} \sum_{j=0}^{\infty} \frac{(\rho\mu t)^j}{j!} = (1-\rho)\rho\mu e^{-\mu t} e^{\rho\mu t} \\
&= (1-\rho)\rho\mu e^{-(1-\rho)\mu t} = (\mu-\lambda)\rho e^{-(\mu-\lambda)t}
\end{aligned}$$

9.4 式 (9.116) で，
$$\left(1 - \sum_{i=1}^{j} \rho_i\right) E[W_{\mathrm{q}j}] = \frac{1}{2} \sum_{i=1}^{J} \lambda_i E[H_i^2] + \sum_{i=1}^{j-1} \rho_i E[W_{\mathrm{q}i}]$$

が得られている．j を $j-1$ に置き換えると，
$$\left(1 - \sum_{i=1}^{j-1} \rho_i\right) E[W_{\mathrm{q}j-1}] = \frac{1}{2} \sum_{i=1}^{J} \lambda_i E[H_i^2] + \sum_{i=1}^{j-2} \rho_i E[W_{\mathrm{q}i}]$$

となる．辺々を引くと，
$$\left(1 - \sum_{i=1}^{j} \rho_i\right) E[W_{\mathrm{q}j}] - \left(1 - \sum_{i=1}^{j-1} \rho_i\right) E[W_{\mathrm{q}j-1}] = \rho_{j-1} E[W_{\mathrm{q}j-1}]$$

となるので，次式が得られる．

$$E[W_{qj}] = \frac{1 - \sum_{i=1}^{j-2} \rho_i}{1 - \sum_{i=1}^{j} \rho_i} E[W_{qj-1}]$$

これを次のように変形する．

$$E[W_{qj}] = \frac{1 - \sum_{i=1}^{j-2} \rho_i}{1 - \sum_{i=1}^{j} \rho_i} \frac{1 - \sum_{i=1}^{j-3} \rho_i}{1 - \sum_{i=1}^{j-1} \rho_i} E[W_{qj-2}]$$

$$= \frac{1 - \sum_{i=1}^{j-2} \rho_i}{1 - \sum_{i=1}^{j} \rho_i} \frac{1 - \sum_{i=1}^{j-3} \rho_i}{1 - \sum_{i=1}^{j-1} \rho_i} \frac{1 - \sum_{i=1}^{j-4} \rho_i}{1 - \sum_{i=1}^{j-2} \rho_i} E[W_{qj-3}]$$

$$\vdots$$

$$= \frac{1 - \sum_{i=1}^{j-2} \rho_i}{1 - \sum_{i=1}^{j} \rho_i} \frac{1 - \sum_{i=1}^{j-3} \rho_i}{1 - \sum_{i=1}^{j-1} \rho_i} \frac{1 - \sum_{i=1}^{j-4} \rho_i}{1 - \sum_{i=1}^{j-2} \rho_i} \cdots \frac{1 - \sum_{i=1}^{3} \rho_i}{1 - \sum_{i=1}^{5} \rho_i} \frac{1 - \sum_{i=1}^{2} \rho_i}{1 - \sum_{i=1}^{4} \rho_i} \frac{1 - \sum_{i=1}^{1} \rho_i}{1 - \sum_{i=1}^{3} \rho_i} E[W_{q2}]$$

$$= \frac{1 - \sum_{i=1}^{2} \rho_i}{1 - \sum_{i=1}^{j} \rho_i} \frac{1 - \sum_{i=1}^{1} \rho_i}{1 - \sum_{i=1}^{j-1} \rho_i} E[W_{q2}]$$

この式の $E[W_{q2}]$ に式 (9.119) を代入すると，次式が得られる．

$$E[W_{qj}] = \frac{\sum_{i=1}^{J} \lambda_i E[H_i^2]}{2 \left(1 - \sum_{i=1}^{j} \rho_i\right) \left(1 - \sum_{i=1}^{j-1} \rho_i\right)}$$

索　引

英数字

e^x　18, 26
FCFS　64
HOL　64
k 重畳み込み　37
LCFS　64
M/G/1　150
M/M/1　137
M/M/1/K　143
M/M/S　124
M/M/S/K　130
M/M/S/S　117
M/M/S/S/N　110
n ステップ遷移確率　73
n ステップ遷移確率行列　73
PASTA　100
PDU　44
PR　64
PS　64
RR　64
t 時間遷移確率　84
t 時間遷移確率行列　84

あ行

アーラン　2, 48
アーラン B 式　120
アーラン B 式負荷表　121, 191
アーラン C 式　127
アーラン C 式負荷表　128, 192
アーランの即時式交換線群　117
アーランの損失式　120
アーランの待時式交換線群　124
アーランの待合せ式　127
アーラン分布　20
一様分布　21
入線　46
打ち切られたポアソン分布　119
エルゴード的　79, 91
エングセットの即時式交換線群　110
エングセットの損失式　114
エングセット分布　112

か行

階乗　9
回線交換　43
ガウス分布　19
確率　6
確率過程　39
確率関数　13
確率行列　94
確率の公理　6
確率フロー　81
確率分布　13
確率変数　11
確率母関数　27
隠れマルコフ点　152
隠れマルコフ連鎖　152
過渡的　77, 91
ガンマ関数　20
ガンマ分布　19
完了時間　170
幾何分布　16
棄却　61
棄却率　4, 65
希少性　56
期待値　22
既　約　76, 91
客　60
極限分布　79, 93
組合せ　10
クロスバースイッチ　47
加わる呼量　48
加わるトラヒック量　48
計数過程　40
結合確率関数　30
結合分布関数　30
結合密度関数　31
原点の周りのモーメント　23
ケンドールの表記　63
呼　1, 45
交　換　43
交換機　42
交換線群　46
呼源の呼量　117
呼　損　47
呼損率　1, 48
呼輻輳率　114, 120
コルモゴロフの後退方程式　75, 86
コルモゴロフの前進方程式　75, 85

さ行

再帰的　77, 91
再生過程　160
サーバ　60
サービス規律　61
サービス時間　47, 61
サービス率　51, 61
残余サービス時間　140
時間輻輳率　113, 120
時間平均分布　81, 93

試行　5
指示関数　81
事象　5
指数サービス　58
指数分布　21
システム時間　61
システム内人数　61
死滅率　101
周期　78, 91
周期的　78
周辺確率関数　31
周辺分布関数　30
周辺密度関数　31
終了率　51
出生死滅過程　104
出生率　95
純死滅過程　101
純出生過程　95
準ポアソン到着　110
順列　9
条件付確率　7
条件付確率関数　32
条件付期待値　32
条件付分布関数　32
条件付密度関数　33
状態　40, 65
状態空間　40
状態遷移図　71
状態遷移速度図　89
状態分布　40
初期状態　72
初期分布　73
初到達時間　77
スイッチ部　46
スチルチェス積分　23
スループット　50, 65
正規分布　19
生起率　50
正再帰的　77, 91
積事象　6
セル　44
セル交換　45
遷移　40
遷移確率　71, 84

遷移確率行列　73, 84
遷移速度　88
遷移速度行列　88
全確率の法則　7
線形成長モデル　201
即時式　47
損失呼　47

た 行

大域平衡方程式　82, 92
退去　61
大群化効果　123
滞在時間　72
待時式　47
畳み込み　36
単位ステップ関数　181
単位分布　180
蓄積交換　43
着呼者　46
チャップマン‐コルモゴロフ
　の方程式　75, 85
中心モーメント　24
超指数分布　179
定常状態　81
定常性　56
定常な遷移　71, 83
定常分布　81, 91
ディラックのデルタ関数
　181
出線　46
到達可能　76, 91
到着　53, 60
到着間隔　56, 60
到着率　2, 50, 60
同値類　76, 91
独立　8, 32
独立性　56
トラヒック　1
トラヒック理論　3
トレイラ　45

な 行

二項係数　10
二項分布　15

二重確率行列　94

は 行

排反　6
パケット　44
パケット交換　45
運ばれる呼量　48
運ばれるトラヒック量　48
パスカルの三角形　11
パスカル分布　16
発呼者　45
バッファ　4, 44
非周期的　78
標準正規分布　19
標本　5
標本空間　5
非割込型優先処理　165
負荷　52
負荷曲線　122, 127
不完全ガンマ関数　20
輻輳　1
負の二項係数　174
負の二項分布　16
プロセッサシェアリング
　64
プロトコル　44
プロトコルデータ単位　44
分散　24
分布　12
分布関数　12
平均　22
ベイズの定理　8
ヘッダ　45
ベネスの公式　165
ベルヌーイ試行　15
ポアソン過程　98
ポアソン到着　54, 98
ポアソン分布　17
ボトルネック　46
補分布　12
補分布関数　12
ポラチェック‐ヒンチンの公
　式　159
保留　46

保留時間　47, 57

ま 行

待ち行列　60
待ち行列システム　60
待ち行列長　60
待ち行列理論　3, 60
待ち時間　61
待ち率　2, 127
マルコフ過程　70
マルコフ性　71, 83
マルコフモデル　63
マルコフ連鎖　70
密度関数　13
無記憶性　59
無限小生成行列　85
メッセージ　44
メッセージ交換　44
モーメント　23

や 行

容量　61
余事象　5
呼量　47

ら 行

ラウンドロビン　64
ラプラス逆変換　188
ラプラス変換　26, 186
離散型　12
離散時間確率過程　40
離散時間マルコフ連鎖　71
リトルの公式　66
利用率　49, 65
零再帰的　77, 91
連続型　12
連続時間確率過程　40
連続時間マルコフ連鎖　83

わ 行

和事象　5
割込型優先処理　165
割込再開型　166
割込反復型　166

著者略歴
稲井 寛（いない・ひろし）
　1987 年　大阪大学大学院前期課程修了（情報工学）
　1988 年　神戸大学総合情報処理センター助手
　1991 年　工学博士（大阪大学）
　1993 年　岡山県立大学情報工学部助教授
　2000 年　岡山県立大学情報工学部教授
　　　　　現在に至る

編集担当　福島崇史・上村紗帆(森北出版)
編集責任　石田昇司(森北出版)
組　　版　ウルス
印　　刷　モリモト印刷
製　　本　ブックアート

基礎から学ぶトラヒック理論　　　　　© 稲井 寛 2014
2014 年 6 月 9 日　第 1 版第 1 刷発行　【本書の無断転載を禁ず】

著　者　稲井 寛
発行者　森北博巳
発行所　森北出版株式会社
　　　　東京都千代田区富士見 1-4-11（〒102-0071）
　　　　電話 03-3265-8341 ／ FAX 03-3264-8709
　　　　http://www.morikita.co.jp/
　　　　日本書籍出版協会・自然科学書協会　会員
　　　　JCOPY ＜(社)出版者著作権管理機構 委託出版物＞

落丁・乱丁本はお取替えいたします.
Printed in Japan／ISBN978-4-627-85221-1